Maria Luz Iriarte
Melina A. Sgariglia
J. Rodolfo Soberón

Análisis de Interacciones Polifenol-Proteína por Métodos de Difusión

Maria Luz Iriarte
Melina A. Sgariglia
J. Rodolfo Soberón

Análisis de Interacciones Polifenol-Proteína por Métodos de Difusión

Detección de Prolaminas de Gluten

PUBLICIA

Imprint
Any brand names and product names mentioned in this book are subject to trademark, brand or patent protection and are trademarks or registered trademarks of their respective holders. The use of brand names, product names, common names, trade names, product descriptions etc. even without a particular marking in this work is in no way to be construed to mean that such names may be regarded as unrestricted in respect of trademark and brand protection legislation and could thus be used by anyone.

Cover image: www.ingimage.com

Publisher:
PUBLICIA
is a trademark of
International Book Market Service Ltd., member of OmniScriptum Publishing Group
17 Meldrum Street, Beau Bassin 71504, Mauritius

Printed at: see last page
ISBN: 978-620-2-43199-6

Agradecimientos

A la Cátedra de Fitoquímica, Instituto de estudios farmacológicos" Dr. A.R. Sampietro". Facultad de Bioquímica, Química y Farmacia, Universidad Nacional de Tucumán.

A las personas e instituciones que colaboraron con la realización de este trabajo:

-Instituto de Biotecnología (FBQF, UNT).

-Dr. Benjamín Socías y Srta Solana López (Inst. Química Biológica. FBQF, UNT).

-Dra. María Eugenia Aristimuño Ficoseco, por ayudar con el fraccionamiento de proteínas de harinas de trigo y de quinua.

A mi directora, Dra. Melina A. Sgariglia, por su tiempo, paciencia, dedicación, asesoramiento, por dejarme aprender a su lado y apoyarme para concretar este objetivo.

A mi co-director, Dr. José R. Soberón, por su predisposición y colaboración para poder realizar esta investigación.

A mis padres Luis y Carmen, por cuidarme y aconsejarme, por sus inmensas muestras de amor y por apoyarme incondicionalmente para poder llegar a cumplir esta meta.

A mi abuelita Carmen, por preocuparse siempre por mí, por esperarme al regresar de la universidad con la comida lista y alentarme siempre a seguir adelante.

A mis hermanos, por permitirme aprender más de la vida a su lado y por brindarme su compañía y afecto diario.

A mis sobrinos, los pequeños de la casa, por darme su cariño, amor y ternura diaria.

A mis cuñados, tíos, primos, por compartir conmigo momentos buenos y no tan buenos a lo largo de todo este tiempo de estudiante.

A mi gran amiga Marielita y mi tía Andrea, por sus consejos y por estar siempre presentes apoyándome, dándome ánimos y no dejándome caer.

A mis compañeros del laboratorio de fitoquímica, por haberme recibido cálidamente y colaborarme siempre que lo necesité.

A juan, mi compañero de vida, por su comprensión, paciencia y por ser en todo momento un apoyo incondicional en mi vida.

ÍNDICE DE CONTENIDOS

1. INTRODUCCION

1.1. Polifenoles vegetales

1.1.1. Origen y diversidad química

Definición

Bate-Smith, E.C. y col. (1962) adoptaron las primeras ideas de White, T.J. (1957) y clasificaron estos metabolitos de plantas superiores como compuestos fenólicos solubles en agua, que tienen masas moleculares de entre 500 y 4000 unidades de masa atómica (u.m.a.) y, además de dar las reacciones fenólicas habituales, poseen propiedades especiales, como la capacidad de precipitar alcaloides, gelatina y otras proteínas.

El advenimiento de nuevos métodos y análisis llevaron a conocer con más detalles las estructuras de estos compuestos, y así los estudios se extendieron hacia la comprensión de la relación estructura-actividad biológica, permitiendo en la actualidad una definición más amplia:

Son metabolitos secundarios ampliamente distribuidos en varios sectores del reino de las plantas superiores (Haslam, E., 1989; Haslam, E. y col., 1994) que presentan las siguientes características:

a) Solubilidad en agua: en estado puro pueden ser difícilmente solubles en agua. En estado natural existen interacciones polifenol-polifenol que aseguran la solubilidad necesaria en medio acuoso.

b) Masas moleculares: desde 500 a 3000-4000 unidades de masa atómica; tales metabolitos conservan la propiedad de actuar como taninos, aunque pueden alcanzar valores de masa de hasta 20.000 u.m.a. (éstos no cumplirían con la condición de solubilidad).

c) Estructura y carácter polifenólico: para 1000 unidades de masa molecular relativa poseen entre 12 y 16 grupos fenólicos y 5-7 anillos aromáticos.

d) Complejación intermolecular: además de dar las reacciones fenólicas típicas, tienen la capacidad de precipitar alcaloides, gelatina y otras proteínas en solución. Estas reacciones de complejación son de interés científico intrínseco en estudios de reconocimiento molecular y como base de posibles funciones biológicas.

Biogénesis

La biogénesis de los polifenoles como producto del metabolismo secundario de las plantas, tiene lugar a través de dos importantes rutas primarias: la ruta del ácido shiquímico y la ruta de los poliacetatos (Bravo, L., 1989). La ruta del ácido shiquímico proporciona a través de los aminoácidos aromáticos (fenilalanina o tirosina), los ácidos cinámicos y sus derivados (fenoles sencillos, ácidos fenólicos, cumarinas, lignanos y derivados del fenilpropano). La ruta de los poliacetatos proporciona las quinonas y las xantonas. El esqueleto flavanol es aportado por biogénesis mixta, a partir de las dos vías citadas (Stafford, H.A., 1983; Xie, D-Y. y col., 2005). Algunos Polifenoles son indispensables para las funciones fisiológicas de los vegetales. Otros intervienen en funciones de defensa ante situaciones de estrés y estímulos diversos (luminoso, hídrico, etc.).

Clasificación

Los polifenoles vegetales se clasifican estructuralmente en dos grandes grupos: a) Taninos Condensados y b) Taninos Hidrolizables:

a) Taninos Condensados (TC): Están compuestos por el núcleo catequina (flavan 3-ol, flavonoide). Se denominan Proantocianidinas; los oligómeros de 2-5 unidades de catequina son solubles y los polímeros constituidos por mayor número de núcleos son insolubles en agua. Las unidades de flavan-3-ol están unidas principalmente a través de las posiciones 4 y 8 (figura 1).

Figura 1. Unidad o núcleo flavan 3-ol

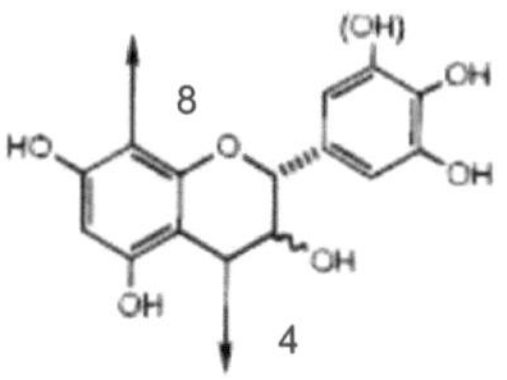

Los TC pueden encontrarse en las uvas, zumo de uvas y vinos (Cameán, A.M. y col., 2012); también son frecuentes en gomas y en el follaje de especies templadas como el género Lotus y la especie Sulla (*Hedysarium coronarium*) (Waghorn, G.C. y col., 1997).

b) Taninos Hidrolizables (TH): son ésteres de galoil y hexahidroxidifenoilo y sus derivados. Se hidrolizan con facilidad tanto por ácidos y álcalis como por vía enzimática. Se localizan en algunas dicotiledóneas, especialmente en Fabaceae y Anacardiacea. Estos metabolitos se encuentran casi invariablemente como ésteres múltiples con D-glucosa (Haslam, E., 1989; Haslam, E. y col., 1994) y se puede considerar que muchos derivan del intermediario biosintético clave β-1,2,3,4,6-pentagaloil-D-glucosa. El ácido gálico se encuentra con mayor frecuencia en plantas en formas de éster. Se pueden clasificar en varias categorías:

i. Ésteres simples.
ii. Galotaninos (figura 2).
iii. Elagitaninos (figura 3).
iv. Dímeros y oligómeros superiores formados por acoplamiento oxidativo de monómeros, principalmente aquellos de clase (iii).

Figura 2. Galotaninos (GT)

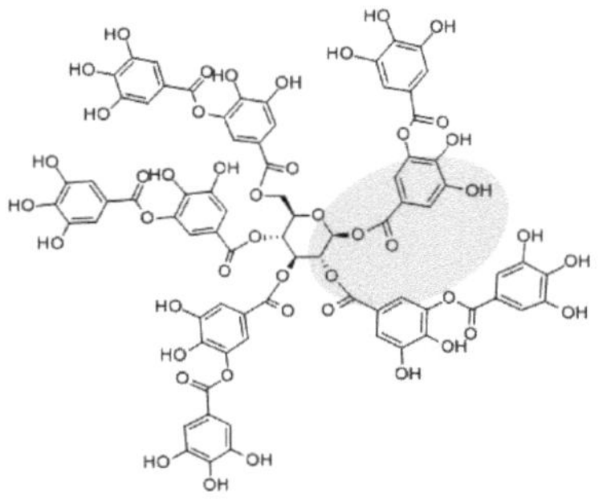

Figura 3. Elagitaninos (ET)

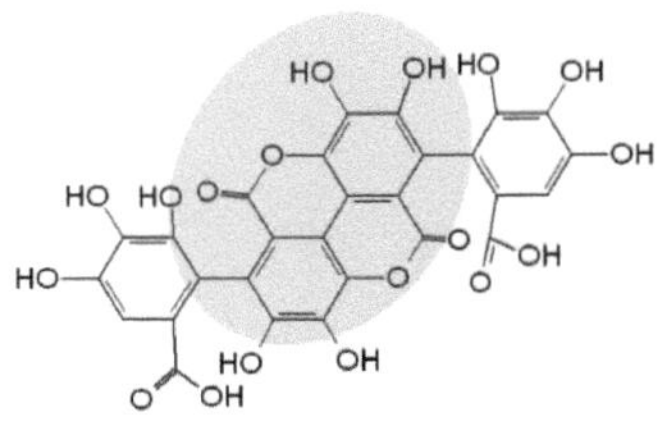

1.1.2. Aplicaciones reconocidas

Estudios de la actividad antioxidante de taninos condensados *in vitro* e *in vivo*, señalaron que éstos son secuestradores efectivos de radicales libres, inhibiendo la oxidación de tejidos con mayor eficacia que la vitamina E, la vitamina C y el β-caroteno (Fine, A., 2000). *In vitro*, se ha demostrado que los taninos condensados tienen una preferencia por neutralizar el radical libre hidroxilo (•OH). Asimismo, se estableció que tienen la capacidad de actuar como inhibidores no competitivos de la enzima xantina oxidasa, una de las mayores generadoras de radicales libres en el metabolismo celular (Fine, A., 2000). Por su acción antioxidante, los polifenoles (PFs) poseen efectos vasodilatadores, antitrombóticos, antiinflamatorios y antiapoptóticos (Schroeter, H. y col., 2006; Dell´Agli, M. y col., 2004; Ruf, J.C., 1999).

Entre los PFs más reconocidos, los del té verde (Camellia *sinensis* L.) tienen diferentes propiedades, entre las cuales pueden mencionarse: hipolipemiante (su consumo mejora el perfil lipídico), efecto antiagregante plaquetario, angioprotector, antiinflamatorio y antioxidante; también se ha propuesto su posible acción quimiopreventiva en diferentes patologías cancerosas. Así, diferentes catequinas y extractos de té se han estudiado en una variedad de modelos animales e *in vitro*, en células tumorales y líneas celulares establecidas. En estos ensayos pudo demostrarse la inhibición de diferentes procesos bioquímicos relacionados con la carcinogénesis, en especial la proliferación celular y la inducción de la apoptosis de células neoplásicas y preneoplásicas, así como la inhibición de la invasión tumoral y la angiogénesis (López Luengo, M.T., 2002).

En la industria vitivinícola, los PFs contribuyen significativamente al color, evolución, sabor y a la sensación del vino (Kennedy, J.A., 2008). En el vino tinto, son los responsables de las características organolépticas definitorias de su calidad (Zamora Martín, F., 2003). Los taninos que producen la sensación de astringencia conforman la "estructura " o el "cuerpo" del vino tinto (McRae, J.M. y col., 2011); además tienen efecto beneficioso en la salud humana al bloquear la formación de endotelina1, una molécula señal que provoca vasoconstricción (Corder, R. y col., 2006).

Entre las especies ricas en PFs, el roble (*Quercus ruber* L., Fagaceae) es un digno representante, muy utilizado en vinificación, la corteza contiene del 8 al 20% de taninos, tanto condensados como hidrolizables, principalmente elagitaninos. Además, estos compuestos también son responsables de su acción astringente y antiinflamatoria, por lo que se emplea sobre todo para uso externo, en el tratamiento de enfermedades agudas y crónicas de la piel, entre otras.

1.1.3. Fuentes autóctonas de polifenoles vegetales

La revisión bibliográfica realizada en Google Académico con la ecuación "fuentes autóctonas de polifenoles + Argentina", expuso a las siguientes especies: *Maytenus ilicifolia, Lippia turbinata* G., *Schinus lorentzii*, principales árboles pertenecientes a la familia Leguminoseae o Fabaceae, como lo es *Caesalpinia paraguariensis*, que reportaron presencia de polifenoles.

La congorosa (*Maytenus ilicifolia*) es originaria del sur de Brasil, Paraguay, Bolivia, Uruguay y nordeste de Argentina. Entre los compuestos polifenólicos que predominan en sus hojas se encuentran taninos hidrolizables (ácido tánico) y taninos condensados (catequina, epicatequina, 4-O-metilepigalocatequina y su epímero 4'-O-metilengalocatequina (Silva, C. y col., 1992; Soares, L. y col., 2004).

Lippia turbinata G. es conocida popularmente como poleo, té del país o té criollo. Su hábitat abarca las provincias de Salta, Tucumán, San Juan, San Luis, Mendoza, Chaco, Córdoba, Catamarca y La Rioja. En los estudios sobre esta especie se identificaron principalmente compuestos fenólicos, entre ellos taninos (PFs) y triterpenos (Nuñez, M. y col., 2007).

Cabe mencionar al quebracho colorado, quebracho santiagueño (*Schinus lorentzii*, *Griseb*., Anacardiaceae). El extracto de quebracho está compuesto por 95 % de proantocianidinas, también conocidas como taninos condensados (Venter, P.B. y col., 2012); tiene usos en elaboración de vinos, en la industria de curtiembre, y en alimentación la de ganado.

Caesalpinia paraguariensis, conocido vulgarmente como guayacán, es un árbol nativo de Argentina, Bolivia, Brasil y Paraguay. El contenido de tanino de sus vainas es de 15-23%, mientras que el de su madera es de 8-13% (Burkart, A., 1936; Howes, F.N., 1953).

1.1.3.1. Antecedentes de la especie vegetal bajo estudio

Nombre científico: *Caesalpinia paraguariensis.*

Sinónimos: *Libidibia paraguariensis.*

Nombre común o vernáculo: “guayacán”, “ibirá-bera”.

Descripción botánica

Es un árbol inerme, de 8-15 m y a veces hasta 20 m de altura, de copa muy amplia y tronco de 30-60 cm y a veces hasta 1 m de diámetro. Posee una corteza delgada, lisa, verde y marrón, que se desprende dejando manchas irregulares color verde claro, ocre o herrumbre, muy características (figura 4). Sus hojas son alternas, bipinnadas, compuestas, de 2-8 cm de largo y glabras. Las flores son hermafroditas, amarillo-anaranjadas, y se localizan sobre pedicelos glabros de 4-5 mm de longitud. Poseen cinco pétalos desiguales, glabros y espatulados, y diez estambres libres, exertos con filamentos pubescentes, subulados y anteras de 1 mm de largo. El gineceo es lageniforme, glabro, sobre un pedicelo de 1 mm de largo. El ovario es súpero, unilocular, pluriovulado y algo engrosado hacia el estigma. La vaina es leñosa, indehiscente, ovalada u ovoide, de 2-6 cm de largo y 1-2 cm de ancho y menos de 1 cm de grosor, de color marrón oscuro o negro cuando está madura. Las semillas son de forma variable, ovoideas, algo comprimidas, de 1-8 por vaina, lisas, castañas y algo lustrosas.

Figura 4. *Caesalpinia paraguariensis* Burkart

Fuente: Archivo Dra. Sgariglia, M.A.

Clasificación Botánica (Sistema APG II)

Reino: Plantae.

División: Magnoliophyta.

Clase: Magnoliopsida.

Orden: Fabales.

Familia: Fabaceae.

Subfamilia: Caesalpiniodeae.

Género: *Caesalpinia.*

Especie: *Caesalpinia paraguariensis* (D.Parodi) Burkart, 1952.

Distribución geográfica

En Argentina, el "guayacán" es característico de la Subregión del Chaco Húmedo. Su distribución (figura 5) incluye las provincias de Jujuy, Salta, Tucumán, Santiago del Estero, Catamarca, La Rioja, San Luis, Formosa, Chaco, Corrientes y Santa Fe. En Paraguay se localiza comúnmente en los departamentos de Presidente Hayes, Boquerón, Nueva Asunción y, más raramente, en porciones de los departamentos de Chaco, Alto Paraguay, Concepción y Cordilleras. En Bolivia, se sitúa en los departamentos de Tarija, Chuquisaca y Santa Cruz. También puede hallarse en una pequeña porción del estado brasileño de Mato Grosso do Sul. (SIB, agosto 2018; Dimitri, M.J. y col., 1997).

Figura 5. Distribución geográfica del "guayacán"

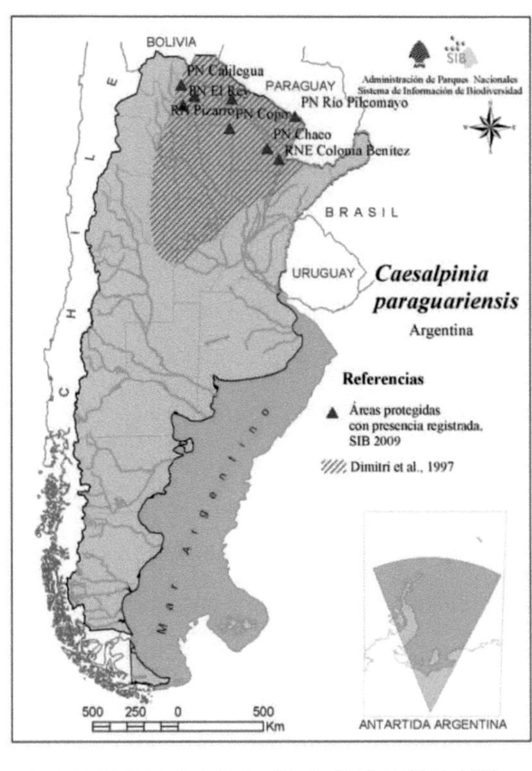

Fuente: Sistema de Información de Biodiversidad, 2009

Usos

El alto valor nutritivo de las hojas de *Caesalpinia paraguariensis*, semillas y, especialmente, vainas, junto con el período excepcionalmente largo de caída de fruta (7-9 meses) y la producción anual regular de vainas, hacen que esta especie sea prometedora como árbol de forraje (Martín, G.O. y col., 1993).

La madera es muy dura y pesada, con un peso específico de 1,18 g/cm^3 (Cozzo, D., 1972). Es apreciada por su gran duración a la intemperie, bajo agua o enterrada, encontrando óptima utilización como durmientes, pilotes, postes, construcciones hidráulicas, armazón de puentes, tranqueras y varilla de alambrados. También es utilizada en la fabricación de distintas partes de instrumentos musicales como botones, clavijas y cejillas de violines y guitarras. Su elevada dureza limita sus aplicaciones en tornería y mueblería. Posee un poder calorífico de 3850-4200 Kcal kg^{-1} (Julio Leonardis, R.F., 1948; Bernardi, L., 1984), por lo que su empleo como leña puede ser superior al de quebracho colorado, dando excelente carbón.

Las abejas en las colmenas en la región chaqueña producen miel clara y de alta calidad de flores de "guayacán" que posee un mejor valor de mercado que la producida, por ejemplo, de quebracho-colorado. Sin embargo, la destrucción desenfrenada del "guayacán" está desafortunadamente conduciendo a una reducción en la producción de este tipo de miel.

La sabiduría popular le atribuye entre otras, propiedades vulnerarias, extractos acuosos de corteza se emplean para tratar diversas afecciones de la piel. La decocción de sus frutos molidos (adicionados, ocasionalmente, de hojas o corteza) se usa para la tos y el resfrío. Con el mismo fin se emplea la decocción de las semillas molidas. La decocción de hojas y corteza se usa para tratar el reumatismo, en forma de baños. La infusión de sus frutos se utiliza para calmar dolores estomacales (Roic, L.D. y col., 1997) y para disipar coágulos de sangre producidos por golpes. Las hojas se emplean como abortivo, etc. (Martínez Croveto, R., 1981).

Clasificación de riesgo

"vulnerable A1acd" según las categorías de riesgo de "International Union for Conservation of Nature Red List", incluida en la misma debido a la pérdida de hábitat y ausencia de reforestación suficiente en las zonas de distribuciones más representativas (ya que estos árboles para uso maderero requieren ser especímenes adultos de más de 50 años).

1.1.3.2. Antecedentes fitoquímicos y actividades biológicas de *C. paraguariensis*

Sgariglia y colaboradores realizaron distintos estudios fitoquímicos y de actividades biológicas de *Caesalpinia paraguariensis,* entre los cuales pueden mencionarse:

- Actividad antifúngica: los resultados obtenidos revelaron que las antocianidinas (fracción amilítica) serían parcialmente responsables de la actividad antifúngica observada en extractos de *C. paraguarensis* (Sgariglia, M.A. y col., 2007).
- Actividades antimicrobianas y antioxidantes *in vitro:* los extractos de corteza (infusión, decocción y tintura) mostraron actividad antimicrobiana contra las especies *Escherichia coli, Staphylococcus aureus*, *Saccharomyces cerevisiae* y *Saccharomyces carlsbergensis* analizadas (40-3.000 µg compuestos fenólicos/ml). También mostraron una buena actividad depuradora del radical DPPH a 5 µg de compuestos fenólicos/ml (Sgariglia M.A. y col., 2008).
- Aislamiento de cuatro compuestos bioactivos principales a partir de infusión de corteza: ácido elágico, ácido 3-O-metil-elágico, ácido 3,3'-di-O-metil-elágico y 3,3'-di-O-metil-elágico-4-β-D-xilopiranósido, inhibidores de la lipoperoxidación, de la enzima óxido nítrico sintasa inducible y de las hialuronidasas (Sgariglia M.A. y col., 2013).
- Captación de especies reactivas de oxígeno y nitrógeno e inhibidores de actividad colagenasa (Sgariglia. M.A. y col., 2015).
- Actividad inhibitoria α-glucosidasa: fracción enriquecida en derivados del ácido elágico de la infusión de corteza de *Caesalpinia paraguariensis* produjeron un 50% de inhibición de la enzima α-glucosidasa a concentraciones ≤1,50 µg/ml, y del 90% a concentraciones de ≤4,00 µg/ml (Sgariglia. M.A. y col., 2015).

1.1.4. Composición de extractos tánicos de corteza de *C. paraguariensis*

El contenido polifenólico de la corteza de *C. paraguariensis* fue caracterizado en estudios anteriores (Sgariglia, M.A. y col., 2012; Villafañe, F.R. y col., 2013) a partir de diferentes extractos tánicos. Para el presente trabajo se seleccionaron cuatro extractos polifenólicos de dicha corteza, denominados M2, M3, M4 y M5, cuya composición de tipos de polifenoles se presenta en la figura 6. Éstos se prepararon aplicando diferentes solventes y condiciones de extracción: MeOH 50%/ 78°C (M2); EtOH 50%/ 85 °C (M3); Acetona 50 %/ 65°C (M4); Agua 100 %/100 °C (M5). A partir de los extractos secos, pesados (b.a.) se realizaron ensayos para determinar el contenido de cada tipo de tanino presente en cada extracto polifenólico. Se emplearon métodos espectrofotométricos diferentes, basados en las distintas reactividades químicas de los tipos de taninos: el método Butanol-HCl para determinar taninos condensados (TC), Galotaninos (GT) se determinó con Rhodanina, y Elagitaninos (ET) con $NaNO_2$ (FAO/IAEA *Working Document,* 2000). Dichas determinaciones permitieron asignar a cada extracto un perfil de composición cuantitativo tipificado de polifenoles presentes, definiéndolos como **Extractos Polifenólicos Químicamente Tipificados** (EPFQTs). En la figura 6 puede observarse que M3 posee predominantemente taninos hidrolizables, galotaninos en mayor cantidad, M4 presenta el mayor contenido de taninos condensados, en M5 prevalecen los elagitaninos, y en M2 no prevalece un tipo particular de tanino por sobre las otras muestras, comparativamente su composición es equilibrada.

La Capacidad Quelante (% CQ) de Fe^{2+} con ácido batofenantrolindisulfónico (Maioli, M.A. y col., 2010) empleando EDTA como quelante de referencia, permitió caracterizar cada extracto polifenólico y generar un parámetro comparativo utilizado para predecir, *a priori*, la capacidad complejante de cada extracto frente a proteínas de interés en el presente trabajo (figura 6 D).

Figura 6. Composición polifenólica y capacidad quelante de cuatro extractos tánicos (M2, M3, M4 y M5). A: elagitaninos mg/ml (ET). B: taninos condensados mg/ml (TC). C: galotaninos mg/ml (GT). D: capacidad quelante de Fe^{2+} mg/ml (CQ)

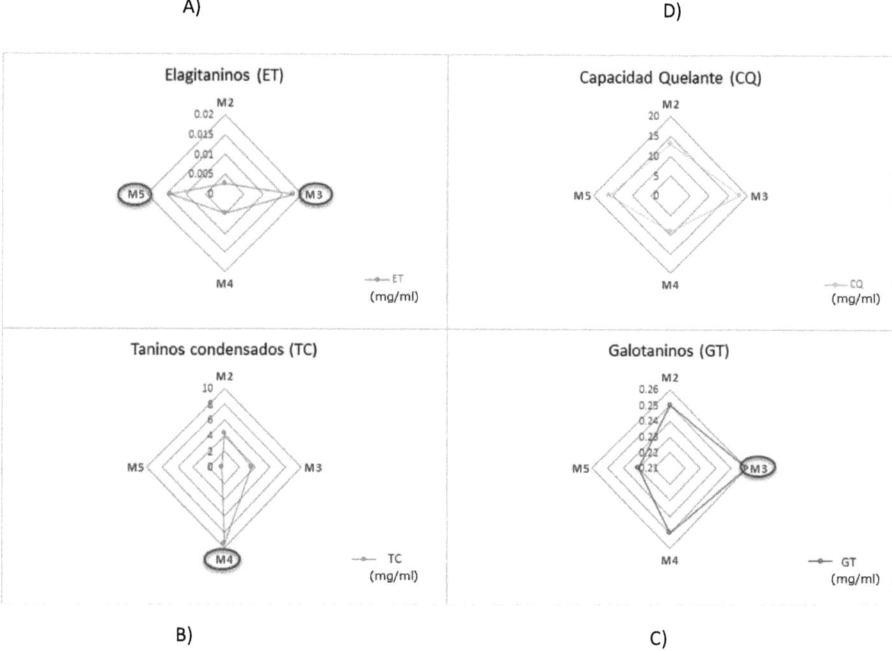

1.2. Interacción polifenol-proteína

1.2.1. Generalidades

Según Jöbst y col. (2004), los polifenoles (PFs) son ligandos multidentados capaces de unirse a través de grupos fenólicos diferentes, en forma simultánea y en más de un punto, con una proteína. Estos autores postulan que la formación de complejo insoluble polifenol (PF)-proteína ocurre en tres etapas (figura 7):

I) En una primera etapa, las proteínas están libres con conformación nativa funcional. La unión simultánea de los polifenoles multidentados en varios sitios de la proteína conduce al enrollamiento de la proteína alrededor de los polifenoles, llevando a la disposición espacial de la proteína a una más compacta y esférica. Uniones puntuales de polifenoles a la proteína aumenta la afinidad y la unión global.

II) En una segunda etapa, a medida que la concentración de PFs aumenta, los PFs complejados en la superficie de la proteína se unen a otras proteínas, produciendo la dimerización u oligomerización que lleva a la insolubilización.

III) En la tercera y última etapa, a mayor unión de PFs, los dímeros u oligómeros se agrupan y las partículas resultantes precipitan.

Figura 7. Etapas en la formación de complejo insoluble PF-proteína.

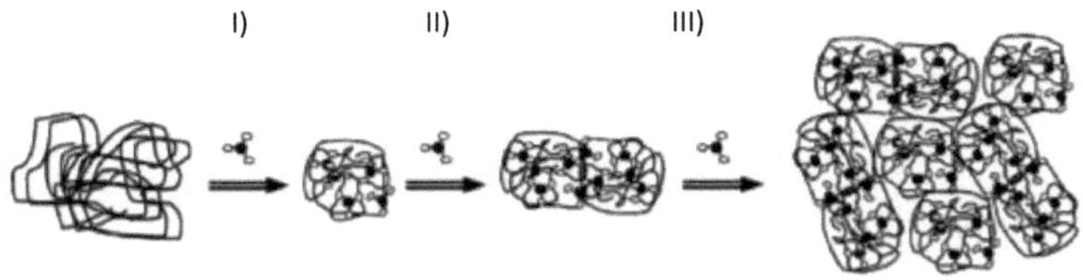

I) II) III)

Fuente: Jöbstl, E y col., 2004.

1.2.2. Características generales de la complejación con proteínas

- La complejación PF-proteína es esencialmente un fenómeno de superficie, maximizado cerca o en el punto isoeléctrico de la proteína.
- La flexibilidad conformacional en la proteína y el PF son factores importantes complementarios que conducen a interacciones fuertes.
- Las proteínas que son pequeñas y compactas, con una estructura secundaria y terciaria muy plegada poseen baja afinidad por los PF,

mientras que las proteínas ricas en prolina (salivales, gelatina) con estructura abierta tienen alta afinidad por los sustratos polifenólicos.

- Debido a su núcleo aromático y los grupos polifenólicos, los PFs actúan como ligandos multidentados en la superficie de las proteínas.
- El tamaño molecular del PF es importante y, en las series de galoil-D-glucosa, la eficacia de enlace aumenta con el incremento del número de grupos galoilos en el orden tri<tetra<penta.
- Las principales fuerzas motrices hacia la asociación son los efectos hidrofóbicos, que se encuentran incrementados en presencia de enlaces hidrógeno entre los grupos fenólicos a varios sitios de la proteína, en particular los grupos carbonilos que incorporan residuos de prolina.

1.2.3. Efectos que predominan en la formación de complejos

Efectos hidrofóbicos

La solubilidad en agua es un factor influyente en la capacidad de asociación con proteínas, ya que una molécula muy solvatada no logrará el acercamiento suficiente a la proteína para lograr interacción.

El grado de orden del disolvente externo es generalmente proporcional a su proximidad con los grupos hidrofílicos presentes en las superficies de los sustratos, donde las moléculas de agua pueden estar ancladas mediante enlaces de hidrógeno a grupos aceptores y dadores (por ejemplo, hidroxilo, carbonilo, amida, etc.).

Durante los procesos de asociación, la reorganización de las distintas capas de solvatación proporciona una importante fuerza impulsora para que las interacciones tengan lugar.

Aunque las fuerzas de Van der Waals pueden contribuir sustancialmente a la estabilidad del complejo resultante, el principal aporte proviene de un efecto entrópico. En las cercanías de la superficie de grupos y regiones de moléculas que tienen una aversión por el agua, existe forzosamente una capa de moléculas de agua parcialmente ordenadas. Los grupos o regiones que tienen una repulsión por el agua buscan coalescer. Al unirse, las áreas superficiales expuestas al agua se reducen y parte de las moléculas altamente estructuradas retornan al estado de agua al azar. Es conocido que los polifenoles contienen varios grupos o regiones (anillos aromáticos, esqueleto carbono-hidrógeno de azúcares, etc.) que proporcionan una multiplicidad de sitios de naturaleza potencialmente hidrofóbica para participar en tales interacciones. Cuando una molécula de polifenol es muy soluble en agua, existirá una fuerza impulsora débil hacia la formación de complejos con las proteínas.

La importancia de la solubilidad en agua puede ejemplificarse haciendo referencia a la β-1,2,3,4,6-penta-O–galoil-D-glucosa (Frausto da Silva, J. J. R. y col., 1991) y dos derivados únicos altamente condensados: castalagina y vescalagina (Balde, A. M. y col., 1991). Éstos últimos poseen seis hidrógenos menos que su presunto precursor biosintético β-1,2,3,4,6-penta-O-glucosa; las tres moléculas poseen cinco núcleos aromáticos y 15 grupos hidroxilo fenólicos. La castalagina y la vescalagina son compuestos muy cristalinos y altamente solubles en agua, no pueden ser extraídos de ella con acetato de etilo y tienen una constante de solubilidad (Ks) octanol / agua de 0,1. Por el contrario, la β-1,2,3,4,6-penta-O-galloil-D-glucosa tiene una solubilidad muy limitada en agua, de la cual se extrae fácilmente con acetato de etilo y presenta un valor de Ks octanol / agua igual a 32. La fuerza de la asociación β-1,2,3,4,6-penta-O-galloil-D-glucosa con la proteína es varios órdenes de magnitud mayor que la vescalagina y la castalagina, cuya afinidad por las proteínas es muy pobre.

Enlaces hidrógeno

El enlace hidrógeno es el segundo efecto que domina la complejación de polifenoles.

Los posibles grupos formadores de enlaces hidrógeno con un sustrato son, generalmente, solubles en agua (por ejemplo, los grupos hidroxilo fenólicos en un polifenol y carbonilo de un péptido) y, por lo tanto, ellos mismos forman parte de la matriz acuosa. Así, como precondición, los enlaces hidrógeno formados por ambos sustratos con el agua deben romperse primero; la energía de la interacción depende de la estabilidad de los enlaces de hidrógeno, tanto fragmentados como formados. Las interacciones de este tipo pueden ser marginalmente favorables, existiendo una ganancia neta de entropía debido a la liberación del agua unida al sustrato al medio después de la complejación.

Los grupos carbonilo de péptidos terciarios (amidas terciarias) son mejores aceptores de enlaces de hidrógeno que los carbonilos de las amidas primarias y secundarias (Wolfenden, R., 1983; Fernandez, J. y col., 1992). Se ha sugerido que la razón de esta unión mejorada es la baja solvatación de la función de amida terciaria. Por lo tanto, un enlace hidrógeno entre el ligando y el grupo prolil requiere la ruptura de menos enlaces hidrógeno en comparación con, por ejemplo, el grupo amida secundario. Además, los sustituyentes metileno del nitrógeno de la amida terciaria "donan" electrones en el enlace peptídico, lo que hace que sea rico en electrones. El grupo carbonilo tiene así una capacidad mejorada de aceptor de enlaces hidrógeno. Las redes de enlaces hidrógeno polifuncionales desplegadas y formadas cooperativamente entre los grupos hidroxilo fenólicos del polifenol (donador de protones) y los grupos carbonilo de los prolil-péptidos en la estructura de la proteína (aceptores de protones), contribuyen significativamente como una segunda fase en el proceso de asociación. Es esencial que ambos sustratos sean conformacionalmente móviles para que las posibilidades de enlaces hidrógeno se maximicen.

Péptidos y proteínas ricos en prolina. Los polifenoles se unen más fuertemente a las proteínas desplegadas con un alto contenido de prolina (Hagerman, A.E. y col., 1981). Entre las proteínas que forman parte de esta categoría se encuentran las proteínas salivales ricas en prolina (ácidas, básicas y glicosiladas), las caseínas y el colágeno (gelatina).

Los principales sitios de unión en los péptidos son los propios residuos de prolina junto con el enlace amida precedente y el aminoácido asociado. Dicha interacción, evidenciada utilizando RMN de alta resolución (Murray, N.J. y col., 1994; Luck, G. y col., 1994), se interpretó principalmente como una asociación entre un anillo galoil y la superficie hidrófoba, abierta, plana y rígida de la cara del anillo de pirrolidina que contiene el protón en el Cα de los residuos de prolina. Por lo tanto, proteínas ricas en prolina con una conformación de cadena desplegada al azar, poseen alta afinidad por los PFs.

1.2.4. Estudio cienciométrico

La cienciometría estudia los aspectos cuantitativos de la actividad científica y técnica. Es un proceso sistemático que utiliza herramientas como bases de datos, patentes y buscadores de internet que ayudan en el proceso de organización y sistematización de la información. En este estudio se utilizaron Elsevier (SCOPUS), Wiley, ACS y PLoS ONE.

Se seleccionaron palabras claves o criterios de búsqueda (nombre científico del organismo o nombre de compuestos, etc), como así también el período de observación. En el particular abordaje de esta investigación se usaron las siguientes palabras claves: "tannins" + *Caesalpinia paraguariensis,* "tannin-protein interaction" + *Caesalpinia paraguariensis*, por el período 1980-2017.

En las bases de datos Wiley, ACS y PLoS ONE no se encontraron resultados con los criterios de búsqueda utilizados, es decir que **no existen estudios previos sobre taninos ni interacción tanino- proteína, de la especie *Caesalpinia paraguarensis,*** lo que avala la originalidad del tema elegido en esta investigación. En Elsevier sólo se encontraron estudios sobre taninos de otras especies del mismo género: *Caesalpinia spinosa*, *Caesalpinia pulcherrina* y *Caesalpinia bracteosa* Tul. (tabla 1).

Tabla 1. Publicaciones sobre taninos de distintas especies de *Caesalpinia* en la base de datos ElSevier. [Período de observación: 1980-2017. Fecha de consulta: noviembre de 2017. Ecuación de búsqueda: TS= ("*Caesalpinia paraguariensis* + taninos")]

Autor	Año	Revista	Área de aplicación	País de investigación
Awasthi y col.	1980	The International Journal of Plant Chemistry, Plant Biochemistry and Molecular Biology	Bioquímica, Genética y Biología molecular	India
Sánchez-Martín y col.	2011	Industrial Crops and Products	Agricultura y Ciencias biológicas	España
Chahinez Aouf y col.	2014	European Polymer Journal	Química	Francia
Bellotti y col.	2012	Progress in Organic Coatings	Ingeniería Química	Argentina
Aguilar-Galvez y col.	2014	Food Chemistry	Química	Perú
Sanz y col.	2008	Food Chemistry	Química	España
Monteiro y col.	2014	Revista Brasileira de Farmacognosia	Farmacología, Toxicología y Ciencias farmacéuticas	Brasil
Pellikaan y col.	2011	Animal Feed Science and Technology	Agricultura y Ciencias biológicas	Holanda Reino Unido
Chambi y col.	2013	Industrial Crops and Products	Agricultura y Ciencias biológicas	Peru Belgica Holanda

Como se muestra en la tabla 1, fueron distintas las áreas de estudio de taninos de las especies del género *Caesalpinia.* En Argentina sólo existe una publicación referida al tema, dentro del área de ingeniería química.

Figura 8. Áreas de aplicación de taninos de especies de *Caesalpinia* en la base de datos ElSevier. [Período de observación: 1980-2017. Fecha de consulta: noviembre de 2017. Ecuación de búsqueda: TS= ("*Caesalpinia paraguariensis* + taninos")]

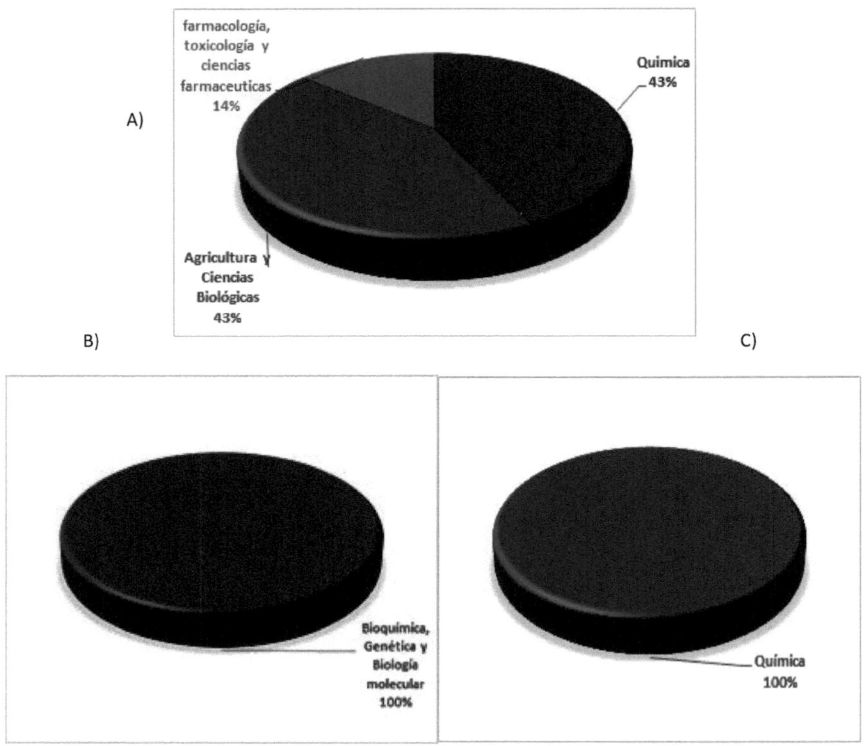

Referencias. Áreas de aplicación de taninos de especies de Caesalpinia: A) *Caesalpinia spinosa*. B) *Caesalpinia pulcherrina*. C) *Caesalpinia bracteosa* Tul.

En la figura 8 A se observa que las áreas de aplicación de los estudios sobre la especie *Caesalpinia spinosa* fueron: agricultura y ciencias biológicas; química; farmacología, toxicología y ciencias farmaceúticas. En las áreas agricultura y ciencias biológicas, y química existen la misma cantidad de publicaciones. Los taninos de *Caesalpinia pulcherrina* se investigaron dentro del área de bioquímica, genética y biología molecular (figura 8 B), mientras que los de *Caesalpinia bracteosa* Tul. dentro del área química (figura 8 C).

Tabla 2. Tipos de publicaciones de taninos de especies de *Caesalpinia* en la base de datos ElSevier. [Período de observación: 1980-2017. Fecha de consulta: noviembre de 2017. Ecuación de búsqueda: TS= ("*Caesalpinia paraguariensis* + taninos")]

Tipo de documentos	Cantidad de publicaciones
Artículos científicos	7
Comunicaciones cortas	2

En la tabla 2 puede apreciarse que la mayor cantidad de publicaciones sobre taninos de distintas especies de *Caesalpinia* corresponde a artículos científicos.

Figura 9. Cantidad de publicaciones por año sobre taninos de distintas especies de *Caesalpinia* en la base de datos ElSevier. [Período de observación: 1980-2017. Fecha de consulta: noviembre de 2017]

En la figura 9 se muestra que entre los años 1980 y 2008 existe un solo trabajo de investigación; a partir de esa fecha se evidencia un mayor interés en el estudio de taninos de especies de *Caesalpinia,* siendo el 2014 el año que más publicaciones se realizaron.

1.2.5. Proteínas del trigo

Osborne, T. (1907) fue el primero en realizar un fraccionamiento de las proteínas del trigo definiendo cuatro fracciones basándose en las diferencias de solubilidad: así denominó albúminas a las proteínas solubles en agua, globulinas a las proteínas solubles en soluciones salinas diluidas, gliadinas a las solubles en alcohol, y gluteninas a las solubles en soluciones ácidas o básicas diluidas.

Las fracciones de Osborne no brindan una clara separación entre las proteínas para poder diferenciarlas bioquímicamente, genéticamente o funcionalmente durante la elaboración de pan. En base a estos hechos, se utiliza más frecuentemente otra clasificación de las proteínas de la harina de trigo: A) proteínas que no forman gluten y B) proteínas formadoras de gluten (de la Vega Ruiz, G., 2009).

A) Las proteínas que no forman gluten representan entre un 15-20% del total de las proteínas del trigo. Se localizan principalmente en las capas externas del grano de trigo y en bajas concentraciones en el endospermo. Son solubles en soluciones salinas diluidas por lo tanto corresponden a las albúminas y globulinas del fraccionamiento de Osborne. Son proteínas monoméricas, estructurales y/o metabólicamente activas. Poseen masas moleculares entre 11.000 y 13.000 Da, y una composición de aminoácidos única, con alto porcentaje de lisina y aminoácidos no polares. Dentro de estas proteínas encontramos a las albúminas y las globulinas.

B) Las proteínas formadoras de gluten se denominan también proteínas de almacenamiento. Se encuentran en el endosperma del grano de trigo maduro donde forman una matriz continua alrededor de los gránulos de almidón, representan entre un 80 y un 85% del total de las proteínas del trigo y sirven como fuente de nitrógeno durante la germinación de la semilla. Las proteínas del gluten son, en su mayoría, insolubles en agua o en soluciones salinas diluidas y pueden agruparse en dos grupos de acuerdo a su funcionalidad: las gliadinas monoméricas y las gluteninas poliméricas (extraíbles o no extraíbles).

1.2.5.1. Características químicas y biológicas de prolaminas

Las prolaminas del gluten, denominadas así por su alto contenido en los aminoácidos prolina y glutamina, se subdividen en gliadinas y gluteninas (figura 10) de acuerdo con su estructura.

Figura 10. Esquema de las prolaminas del gluten

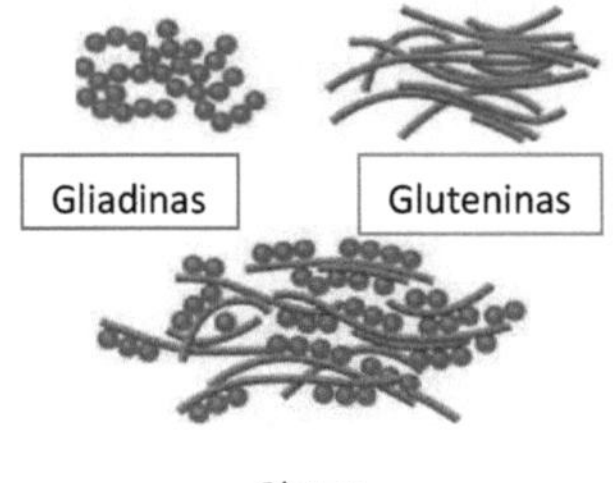

Las **gliadinas** (figura 11), en su mayoría, son proteínas monoméricas que se clasifican en cuatro grupos, α, β, γ y ω-gliadinas, según su movilidad electroforética a bajo pH en geles de poliacrilamida (figura 12). Poseen una masa molecular entre 30.000 – 80.000 Da. Las α- y β- gliadinas, son tan similares tanto en secuencia como en estructura que algunos autores las consideran dentro de un mismo grupo. Según su composición, las ω-gliadinas son ricas en glutamina, fenilalanina y prolina, y se estabilizan mediante interacciones hidrofóbicas ya que no pueden forman puentes disulfuro. Las α, β y γ-gliadinas son ricas en azufre debido a que contienen residuos de cisteína y metionina. Se estabilizan por medio de puentes disulfuro y puentes de hidrógeno, aunque también pueden formar puentes disulfuro inter-catenarios.

Figura 11. Modelo de gliadinas α/β, γ y ω

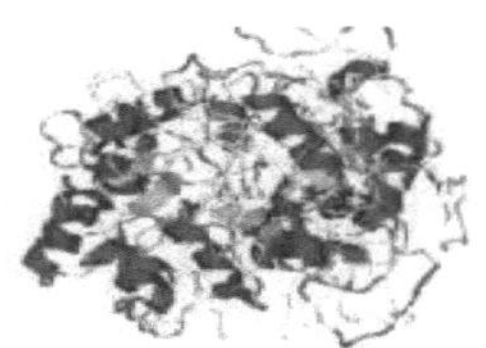

Fuente: Rasheed, F. y col., 2014)

Las α y las γ-gliadinas son proteínas monoméricas y tienen entre 250 y 300 residuos de amino ácidos. Poseen un dominio N-terminal repetitivo que representa entre un tercio y la mitad de la secuencia de la proteína, que es rica en residuos de prolina y glutamina, y un dominio C-terminal no repetitivo que posee residuos de cisteínas. Las ω-gliadinas están formadas por aproximadamente 350 residuos de aminoácidos y poseen repeticiones sucesivas del octapéptido Pro-Gln-Gln-Pro-Phe-Pro-Gln-Gln y no contienen residuos de cisteína.

Las **gluteninas** son proteínas poliméricas, algunas de ellas formadas por hasta 20 subunidades, unidas por puentes disulfuro inter- e intra-catenarios. Los polímeros de gluteninas están entre las macromoléculas más grandes presentes en la naturaleza, con masas moleculares que pueden exceder el millón de Daltons. Se ha visto que se pueden establecer interacciones no covalentes, como puentes de hidrógeno, entre estos macropolímeros y las gliadinas (figura 10).

Ante un agente reductor en geles de electroforesis SDS-PAGE, se diferencian dos tipos de gluteninas según su masa molecular: gluteninas de alta masa molecular (HMW-GS) de entre 70.000 y 90.000 Da, y gluteninas de baja masa molecular (LMW-GS) entre 20.000 y 45.000 Da (figura 12).

Figura 12. Esquema de las diferentes prolaminas y su clasificación en función de sus masas moleculares, la movilidad electroforética y su estructura primaria

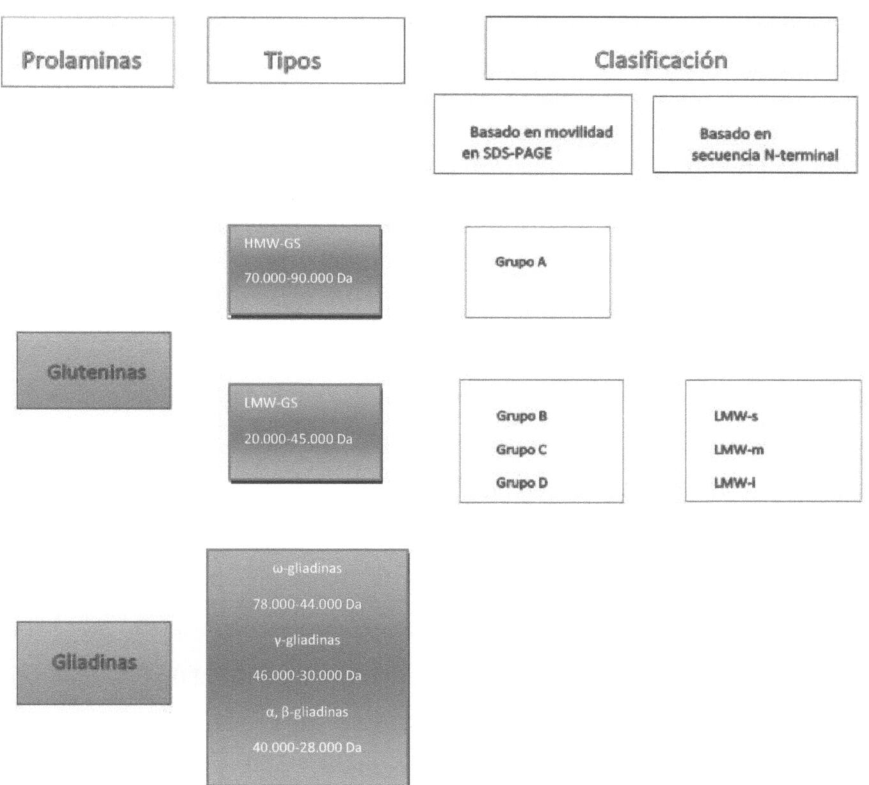

Dentro del conjunto de proteínas de reserva, las prolaminas son las que confieren las propiedades reológicas únicas a la masa obtenida de la harina trigo. La elasticidad está definida por los enlaces disulfuro intermoleculares entre las gluteninas, mientras que la viscosidad está determinada por la fracción monomérica de gliadinas, poseyendo solamente enlaces disulfuro intramoleculares. El número y la cantidad de subunidades de glutenina de baja masa molecular (tipo B Y C) están significativamente relacionadas con la extensibilidad de la masa (Andrews, J.L. y col., 1996).

1.2.6. Enfermedad celíaca

Generalidades

La enfermedad celíaca o celiaquía (EC) es una enteropatía de origen autoinmune, genético y hereditario que se desencadena en individuos por la ingestión de prolaminas de trigo, avena, centeno y cebada (factores cuyas iniciales conforman la sigla TACC), comprendiendo todos los productos procedentes de estos cuatro cereales. Las prolaminas adoptan un nombre diferente según el cereal del que procedan: gliadinas (trigo), hordeínas (cebada), secalinas (centeno) y aveninas (avena).

La ingesta de gluten por el enfermo celíaco suscita una lesión progresiva de la mucosa del intestino (con linfocitosis intraepiteliales, pérdida de las vellosidades y remodelación de los tejidos) afectando la absorción y utilización de los nutrientes (www.celiaco.org.ar, octubre 2018).

La celiaquía puede manifestarse desde la lactancia hasta la adultez avanzada. Las personas que poseen antecedentes familiares de esta enfermedad presentan mayor riesgo de padecerla. En Argentina hay más de 400 mil habitantes celíacos, pero se estima que por cada paciente diagnosticado hay otros ocho que lo desconocen.

Síntomas y tratamiento

La sintomatología es extensa y cambia significativamente de una persona a la otra, así como en las distintas etapas de la vida (tabla 3).

Tabla 3. Síntomas típicos del enfermo celíaco de acuerdo a la edad

NIÑOS	ADOLESCENTES	ADULTOS
Diarrea crónica	Dolor abdominal	Descalcificación
Vómitos	Falta de ánimo	Diarreas
Pérdida de peso	Retraso del ciclo menstrual	Fracturas

El tratamiento de esta enfermedad consiste en una dieta estricta libre de gluten de por vida que pueda controlar los síntomas y promover la curación del intestino.

Aspectos inmunológicos de la respuesta celíaca vinculados a las gliadinas

Las gliadinas son resistentes a la degradación de las proteasas gástricas, pancreáticas e intestinales del borde en cepillo, por lo que permanecen en la luz del intestino. La digestión parcial del gluten origina péptidos de gliadinas inmunogénicos e innatos que resultan tóxicos para el individuo celíaco (Sánchez Pérez, M.P. y col.,2007).

Los péptidos inmunogénicos son los responsables de la respuesta inmune adaptativa. Tal es el caso del denominado 33-MER producto de la digestión parcial de la proteína α2-gliadina.

Los péptidos innatos son aquellos que no son reconocidos por linfocitos TCD4+ y generan una respuesta innata sobre el epitelio y las células presentadoras de antígenos. Entre ellos se encuentran el p31-43 y el p31-49 de la α- gliadina.

En un contexto que favorezca el pasaje de los péptidos inmunogénicos a la lámina propia, éstos entrarán en contacto con la enzima Tg (transglutaminasa tisular) que catalizará la desaminación de los residuos de glutamina, produciendo la gliadina desaminada que exhibirá carga negativa por los residuos remanentes de ácido glutámico. Es entonces cuando la célula procesadora de antígenos lo procesará y expondrá a las moléculas de clase II HLA DQ2 y HLA DQ8 (grupo de alelos clave para disparar la respuesta inmune). Las células T colaboradoras reconocerán el péptido antigénico, colaborando en la activación de los linfocitos B, la proliferación y la diferenciación a plasmocito, célula que se encargará de la producción de anticuerpos que serán detectados como marcadores serológicos de la EC. Por otra parte, las células T activadas liberarán citocinas que participarán en la activación de linfocitos de la mucosa intestinal (linfocitos intraepiteliales). Debido a toda esta situación los enterocitos producirán y sobreexpresarán interleuquina15 (IL-15) y moléculas de clase I no clásicas (MIC-A, HLA-E) que serán reconocidas por los receptores NK de los linfocitos intraepiteliales activados, produciendo finalmente la destrucción de los enterocitos.

1.2.7. Métodos de detección de la fracción alergénica de gluten

Todo método de detección debe reunir las siguientes características:

- Sensibilidad: Capacidad de detectar gluten hasta concentraciones de partes por millón (ppm). 1 ppm equivale a 1 miligramo de gluten por kilogramo de alimento.
- Selectividad: El método debe detectar exclusivamente el gluten y no otros compuestos con propiedades similares.
- Fiabilidad: Los métodos deben estar diseñados para que los resultados analíticos puedan ser reproducibles en distintos laboratorios.
- Rapidez: Un tiempo corto posibilita abaratar el costo del análisis y poder realizar gran cantidad de análisis por día.
- Validez: El método analítico de detección de gluten debe estar validado. Para poder validarlo se necesita un material de referencia certificado.

Existen diferentes métodos utilizados para la detección de gluten en los alimentos y/o sus ingredientes (González, J.M. y col.,2007), entre los cuales se encuentran:

1. Ensayo inmunoenzimático ELISA

Es el principal método empleado para detectar la presencia de los péptidos antigénicos procedentes del gluten. Es un ensayo basado en el principio inmunológico del reconocimiento y unión de los anticuerpos (Ac) a los antígenos (Ag). En el caso de la detección del gluten se emplean anticuerpos que reconocen segmentos que se encuentran en las proteínas del gluten (antígeno). La unión del anticuerpo al antígeno se produce sobre una superficie a la que el anticuerpo o el antígeno se unió anteriormente. Alguno de los componentes del ensayo se encuentra ligado a una enzima que catalizará la formación de un producto coloreado, que podrá ser cuantificado por espectrofotometría. Hay dos tipos de ensayo ELISA:

- Tipo sándwich: se utiliza un anticuerpo primario y uno secundario, unido a la enzima. El gluten se une de forma directa a los dos anticuerpos, quedando el antígeno "atrapado" entre ambos.
- Competitivo: se incuba la muestra con el anticuerpo. Posteriormente, se añade esta preparación sobre una superficie recubierta de antígeno de tal forma que se une a la superficie el anticuerpo libre no adherido al gluten de la muestra. Finalmente, se mide la cantidad de anticuerpo libre. Cuanto más anticuerpo libre es detectado, menor es la cantidad de gluten que contiene la muestra.

Para la detección de trigo, centeno y cebada se utiliza un anticuerpo R5, que reconoce un fragmento de 5 aminoácidos extensamente repetido en el gluten. Para determinar el gluten de avena se emplea un ensayo ELISA específico para avena.

El ensayo ELISA es fácil de realizar, versátil, rápido y posee alta sensibilidad (3 ppm de gluten). Las desventajas de este método son que pueden producirse falsos negativos cuando se desnaturalizan las proteínas por cambios de presión, temperatura o concentración de sales, requiere equipamiento específico (lector de microplacas) y un operador calificado, para adaptarlo a analizadores automáticos se necesitan de reactivos muy puros; todo esto determina el elevado costo de las pruebas.

2. TIRAS INMUNOCROMATOGRÁFICAS

Este método se basa en el mismo principio de interacción específica Ag-Ac, pero permite obtener sólo información cualitativa (presencia/ausencia de gluten).

3. PCR

Consiste en una amplificación exponencial específica de secuencias de ADN situadas entre regiones de secuencia conocida, utilizando una enzima ADN polimerasa termoestable.

Por medio de este ensayo la detección del gluten es indirecta dado que lo que puede cuantificarse es el ADN responsable de la síntesis de las proteínas del gluten. Dentro de las ventajas pueden mencionarse: sensibilidad muy elevada en la detección del ADN (5-50 picogramos), permite la identificación de la especie de la que procede el gluten y es muy útil para identificar el origen de una contaminación cruzada. Pero debido a su elevado costo, equipamiento requerido y operador altamente capacitado, su aplicación se limita a la investigación.

4. WESTERN BLOT

Es un método inmunológico altamente específico diseñado para detectar proteínas en muestras complejas. Consta de varias etapas, entre las cuales se encuentran: la extracción de las prolaminas del alimento, seguida de su separación por electroforesis en geles de poliacrilamida (SDS-PAGE), la posterior transferencia a membranas de nitrocelulosa y, por último, la incubación con anticuerpos específicos frente a gliadinas de trigo marcados para poder posteriormente ser revelados mediante una reacción enzimática. Como ventajas de esta técnica se pueden destacar que es específica y con alta sensibilidad (5-10 ppm de gluten en función del anticuerpo utilizado), convenientes para determinar el contenido de gluten en alimentos crudos y procesados. Como limitaciones debe considerarse que es un método lento, más difícil de llevarse a cabo, requiere mayor formación y especialización de los analistas, y finalmente debido a su elevado costo su uso se limita a laboratorios especializados.

En la bibliografía también se mencionan la espectrometría de masas (Camafeita, E. y col., 1997) y cromatografías como métodos que permiten la caracterización de prolaminas a partir de extractos, pero éstos no se encuentran suficientemente desarrollados para su aplicación práctica.

Laboratorios de detección de TACC en Argentina

En nuestro país existen diferentes laboratorios de detección de TACC reconocidos por la Autoridad Sanitaria Nacional, entre los cuales se encuentran:

- Cátedra de Inmunología, Facultad de Ciencias Exactas. Universidad Nacional de La Plata (UNLP).
- Laboratorio Central Salud Pública (LC). Ministerio de Salud de la Provincia de Buenos Aires.
- Agencia Santafesina de Seguridad Alimentaria (ASSAL). Ministerio de Salud y Medio Ambiente de la Provincia de Santa Fe.

- Subsecretaría CEPROCOR – Lab. de Alimentos Fisicoquímico. Ministerio de Ciencia y Tecnología. Gobierno de la Provincia de Córdoba.
- Instituto Nacional de Alimentos (INAL).

Productos comerciales aptos para el consumo de celíacos

Los productos aptos para el consumo de celíacos son más costosos con respecto a los que poseen gluten debido a que requieren para su elaboración, instalaciones segregadas, maquinaria especial y controles de los campos de donde provienen los cereales para garantizar que en los lugares contiguos no existan variedades con gluten. Además, quienes los elaboran son pequeños y medianos productores, las harinas que se utilizan para su producción no poseen subsidios estatales y los métodos de detección de prolaminas que deben utilizar para validar la calidad de este tipo de productos son costosos. Por ejemplo, Kit Veratox® (método cuantitativo) con lector Elisa US$ 615+IVA. Kit Cualitativo de lectura visual por comparación con patrón de 5 ppm US$ 460+IVA, y éstos sólo permiten realizar 80 pruebas/kit.

2. HIPÓTESIS

La medición sistemática de alteraciones en la capacidad de difusión y solubilidad de prolaminas de gluten, producidas por polifenoles químicamente tipificados obtenidos de corteza de *Caesalpinia paraguariensis* Burkart., permite la detección y cuantificación de la formación de complejos formados entre muestras polifenólicas y prolaminas de harinas. La información obtenida de estos estudios posibilita describir la especificidad y sensibilidad de dicha interacción, como parámetros útiles para el diseño y/o desarrollo de un quimiosensor de origen vegetal.

3. OBJETIVO GENERAL

Evaluar cuali-cuantitativamente interacciones entre polifenoles químicamente tipificados de especies vegetales autóctonas de Argentina, y prolaminas de harinas comerciales con alto y bajo contenido en gluten, para definir la sensibilidad y especificidad de la interacción polifenol-proteína relativa a la formación de complejos insolubles, como parámetros útiles para el diseño y/o desarrollo de un quimiosensor de origen vegetal. Valorizar especies autóctonas como fuente de compuestos de interés medicinal y alimenticio.

4. OBJETIVOS ESPECÍFICOS

1. Determinar los parámetros de difusión sobre membranas de celulosa de extractos polifenólicos químicamente tipificados (EPFQTs), y compararlos con estándares polifenólicos monoméricos, oligoméricos y poliméricos, de referencia.
2. Preparar extractos proteicos a partir de harinas de trigo y de quinua, fraccionar prolaminas (gliadinas y gluteninas), y analizar su separación por electroforesis.
3. Determinar parámetros de difusión/precipitación sobre membranas de celulosa de soluciones estándares de albúmina (ASB), gliadinas y gluteninas de harinas de trigo y de quinua.
4. Realizar ensayos de interacción entre EPFQTs y ASB sobre membranas de celulosa para determinar parámetros de difusión/precipitación. Comparar con los parámetros generados por ASB y polifenoles de referencia ensayados individualmente.

5. Realizar ensayos de interacción EPFQTs/gliadinas y EPFQTs/gluteninas sobre membranas de celulosa, para determinar parámetros que permitan definir el tipo de complejación.
6. Seleccionar EPFQT/s según su especificidad y sensibilidad frente a gliadinas, y justificar dicha elección en base a los parámetros determinados en los ensayos de difusión/precipitación, comparados con proteínas diferentes, y otros EPFQT/s, y/o polifenoles de referencia.

5. MATERIALES Y METODOS

5.1. Materiales

a) Extractos polifenólicos químicamente tipificados (EPFQTs): estos extractos polifenólicos fueron obtenidos y analizados previamente (Sgariglia, M.A. y col., 2012; Villafañe, F.R. y col., 2013), se conservaron como extractos secos liofilizados, herméticamente en frascos color caramelo a -20°C. En este trabajo se estudiaron 4 muestras: M2, M3, M4 y M5, diferenciadas de acuerdo al contenido de taninos condensados, galotaninos y elagitaninos (tipos de taninos diferenciables químicamente). Su composición definió un perfil químico-cuantitativo de cada tipo de tanino para cada una de las muestras seleccionadas. También se consideró su capacidad quelante de Fe^{2+}.

b) Sustancias estándares: compuestos fenólicos estándares, comercialmente disponibles. Monómeros de taninos: ac. gálico (p.a. Sigma Aldrich & Co. USA) y ac. elágico (p.a. Merck); oligómero:epi-galo-catequin-galato (p.a. Sigma Aldrich & Co. USA); estándar polimérico: ac. tánico* (p.a. Sigma Aldrich& Co. USA). Proteína: albumina sérica bovina fracción V. (p.a. Sigma Aldrich & Co. USA).

(*) No se trata de un compuesto puro, sino de una mezcla estandarizada de galotaninos de 3 especies: agallas de sumac o zumaque (*Rhus semialata*) (galotanino chino), agallas de roble de Alepo (*Quercus infectoria*) (galotanino turco) y hojas de sumac (*R. coriaria, R. typhina*) (galotanino sumac). Aunque las fuentes comerciales proveen un peso molecular nominal de ácido tánico (1.294 g/mol), las preparaciones son heterogéneas y las mezclas de esteres galoil variables.

c) Harinas comerciales: i) Harina de Trigo (*Triticum aestivum*) tipo 000, Cañuelas (Molino Cañuelas SA, Argentina); ii) Harina de Quinua (*Chenopodium quinoa*) (Pachamama, Arg.).

d) Solventes y reactivos: Agua bi-destilada, Propanol (p.a. Sintorgan), Metanol (p.a. Cicarelli), Etanol 96° (Frau, industria argentina), HCl (p.a. Cicarelli), dimetilsulfóxido (DMSO p.a.), TRIS (hidroximetil-aminometano p.a. Anedra), Glicina (p.a. Cicarelli), SDS (dodecilsulfato sódico, p.a. Cicarelli S.A.), Ac. Tricloroacético (p.a. Cicarelli), acrilamida (p.a. Flucka Chemical Corp.), bisacrilamida (p.a. Sigma Aldrich & Co. USA), persulfato de amonio (p.a. Bio-Rad), TEMED (N, N, N', N'-tetrametiletilendiamina, p.a. Riedel-De Haën), DTT(ditiotreitol, p.a. Bio-Rad), Azul de Coomassie R-250 (Bio-Rad), isopropanol (p.a. Biopack), Reactivo de Bradford (Anedra), Buffer LB(loading Buffer, Sigma Aldrich & Co. USA) , Ácido acético glacial (p.a. Sintorgan).

e) Otros Materiales: Papel de porosidad uniforme (Munktell, origen Suecia, calidad FN3), soportes de fijación para membranas de 15x15 cm, bandejas para tinción, papel absorbente, lápiz de punta roma, material de vidrio graduado para preparación de soluciones, policubeta de 96 pocillos de poliestireno fondo plano.

F) Equipos: Lector de ELISA Bio-Rad M550, filtro #3: 590 nm, centrífuga de alta velocidad de eppendorf (Presvac EPF-12, industria argentina), centrífuga de eppendorf (Gelec 134 D, industria argentina 500-14.000 rpm) , pH metro (Adwa, Romania), balanza analítica Mettler H54 AR, heladeras (2-8 °C), freezers (de -20°C), Impresora Epson L4150, software: "Image-J" versión 1.44p, liofilizador (Virtis,Freezemobile 8SL,USA), equipo de electroforesis (Bio-Rad).

5.2. Extracción y análisis de prolaminas de harinas comerciales

5.2.1. Extracción secuencial de prolaminas

La extracción se llevó a cabo según el método de Singh y col. (1991) basado en las diferencias de solubilidad existentes entre las gliadinas y las gluteninas, las primeras solubles en alcohol y las últimas en soluciones ácidas. Se utilizó para ello entre 20 y 25 mg de harina de trigo (*T. aestivum*) tipo 000 y harina de quinua (*Ch. quinoa*).

Para la extracción de las gliadinas se procedió como sigue:

• Se añadió a la muestra 1 ml de solución 50% v/v propanol/agua, y se agitó.
• Se incubó en estufa a 65ºC durante 30 min (con agitaciones intermedias cada 10 min) y se centrifugó 2 min a 2860 g.
• Se pasó el sobrenadante (gliadinas disueltas) a un nuevo tubo eppendorf de 1,5 ml y, se dejó en estufa a 65ºC hasta que el propanol se evaporó. El residuo se reservó para continuar la extracción de gluteninas.
• Al sobrenadante (gliadinas) se añadió 50 µl de etanol al 70% (v/v), y se agitó. Los extractos de gliadinas se llamaron: HT-Gli (gliadinas de harina de trigo) y HQ-Gli (gliadinas de harina de quinoa). Estas soluciones se conservaron a -20 ºC.

Para la extracción de gluteninas, se partió del residuo obtenido anteriormente:

• Se lavó el residuo con 1 ml de solución 50% v/v propanol/agua, y se agitó. Luego se incubó en estufa a 65°C durante 30 min, con agitaciones intermedias cada 10 min.
• Se centrifugó 5 min a 2860 g y descartó el sobrenadante.
• Se lavó el residuo con 1 ml de solución 50% v/v propanol/agua y se agitó.
• Se centrifugó 5 min a 2860 g, y se eliminó todo el sobrenadante por aspiración.
• Se añadió al residuo 0,1 ml de solución 50% v/v propanol/TRIS-HCl 0,08 M pH 8,0; a la que se le agregó 1% (p/v) de ditiotreitol (DTT). Los extractos de gluteninas se llamaron: HT-Glu (gluteninas de harina de trigo) y HQ-Glu (gluteninas de harina de quinua). Estas soluciones se conservaron a -20 °C.

5.2.2. Cuantificación de proteínas de extractos de harinas

La cuantificación de proteínas en cada extracto se determinó según Bradford, M. (1976). En este método el Azul de Coomassie G-250 (AC) se une a la proteína, interaccionando con aminoácidos básicos (especialmente arginina) y aromáticos. Esta unión provoca un cambio en el máximo de absorción del colorante desde 465 a 595 nm. Por lo tanto, este método se basa en la propiedad del AC de presentarse en dos formas con colores diferentes, rojo y azul. La forma roja se convierte en azul cuando el colorante se une a la proteína (figura 13). Experimentalmente se midió la absorbancia a 590 nm.

Se elaboró la curva estándar de proteínas a partir de una solución madre de ASB (1mg/ml). A partir de esta solución se realizaron diluciones para obtener diferentes concentraciones de albúmina que reaccionarán con el reactivo de Bradford. Las concentraciones de proteínas utilizadas para la realización de la curva estándar fueron 0,05; 0,15; 0,20; 0,30 y 0,50 mg/ml.

El procedimiento realizado fue el siguiente:

a) Se colocaron 10 µl de cada dilución de ASB o de extractos de harinas (HT-Gli, HT-Glu, HQ-Gli, HQ-Glu), en los pocillos correspondientes de una policubeta de 96 pocillos de fondo plano.

b) Se agregaron a cada pocillo 200 µl del reactivo Bradford diluido 1/5. Se realizaron duplicados para cada muestra y se homogeneizó.

c) Se incubó a temperatura ambiente durante 20 minutos, y se midió la absorbancia a 590 nm en un lector de microplacas.

Se graficó la curva estándar a partir de las lecturas de absorbancia (Y) en función de las concentraciones de ASB (mg/ml). Las lecturas promedio obtenidas de reacciones correspondientes a los extractos de harinas, se extrapolaron en la curva estándar, determinando la concentración de proteínas presentes en cada extracto.

Figura 13. Cambio de coloración de rojiza a azul en aquellos pocillos de la policubeta donde la proteína se unió al colorante. La intensidad del color azul varía de acuerdo a la concentración de proteína, medida espectrofotométricamente a 590 nm

5.2.3. Caracterización de prolaminas por electroforesis vertical (SDS-PAGE)

Preparación de las muestras

Las muestras prolaminas de harina de trigo (HT-Gli y HT-Glu) y de harina de quinua (HQ-Gli y HQ-Glu), se concentraron tres veces respecto del extracto original, para alcanzar una concentración entre 100-200 ug/ml y a 20 ul de cada muestra se añadió 10 ul de tampón LB, y se calentaron a 100°C durante cuatro minutos. En estas condiciones se aplicaron las muestras con ayuda de una micropipeta P-20 (20 µl) en los pocillos del gel, en un orden predeterminado y previamente anotado.

Corrida electroforética

Se aplicó este método en gel de poliacrilamida en presencia de dodecil-sulfato sódico (1D-SDS-PAGE) según lo indicado por Singh, N.K. y col. (1991).

Para visualizar las prolaminas se utilizaron geles de 1 mm de espesor. Para el gel separador se empleó una solución al 12% (p/v) de poliacrilamida en TRIS-glicina 1,5 M a pH 8,8 y SDS al 10% (p/v). Para el gel concentrador se utilizó poliacrilamida a una concentración del 6% (p/v) en TRIS- glicina 0,5 M a pH 6,8 y SDS al 10 % (p/v).

Se usó como marcador de masa molecular un marcador o patrón de proteínas preteñidas PageRuler™ (mezcla de diez proteínas teñidas de azul, naranja y verde de 10 a 180 kDa) Producto #26616. Se sembraron 4 ul correspondientes al marcador y 20 ul a cada muestra HT-Glu, HQ-Gli, HQ-Glu y HT-Gli.

La electroforesis se llevó a cabo de cátodo a ánodo a 22 mA por gel en cubetas refrigeradas (figura 14).

Figura 14. Foto del inicio de corrida electroforética en un equipo Bio-Rad. Puede observarse la cuba de electroforesis (con las muestras y el marcador ya sembradas) conectada a la fuente de tensión

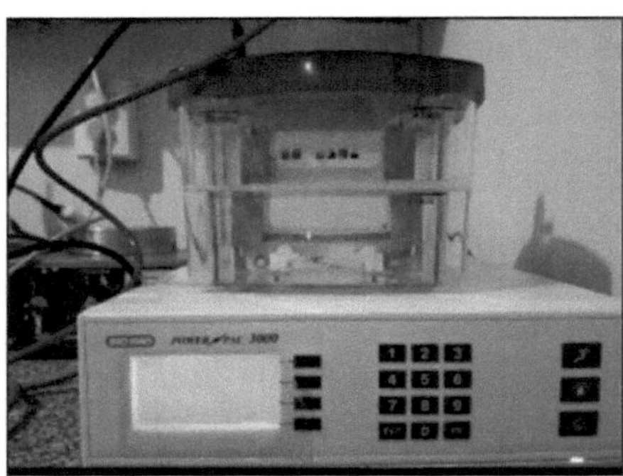

Tinción del gel con Azul de Coomassie

Las bandas de proteínas, una vez terminada la electroforesis, se visualizaron tiñendo los geles con una solución de Azul de Coomassie. La tinción se realizó con agitación suave durante, al menos, 30 min.

Reactivos utilizados:

Fijador	
Metanol	50 ml
Ácido acético	10 ml
Agua destilada	40 ml
Solución de Azul de Coomassie R-250	
Azul de Coomassie R-250	0.3 g
Metanol	10 ml
Ácido acético	10 ml
Agua destilada	80 ml
Líquido de lavado	
Metanol	10 ml
Ácido acético	10 ml

Agua destilada 80 ml

Procedimiento:

1- Se colocó el gel en la solución fijadora por 15 min.
2- Se trató con la solución colorante durante 20-30 min.
3- Se enjuagó con agua destilada 1 vez.
4- Se trató el gel con el líquido de lavado hasta eliminación del exceso de colorante y hasta el adecuado contraste de las bandas con el fondo.
5- Una vez finalizada la decoloración el gel se secó para un registro definitivo.

5.2.4. Ensayos de difusión en membrana de celulosa

5.2.4.1. Fundamento

Una alícuota de volumen definido y constante de una solución acuosa de proteína, de concentración conocida, se descarga puntualmente sobre una membrana de celulosa de porosidad regular (Munktell, calidad FN3), sujeta a un soporte en posición horizontal, y tensada. La proteína se mueve radialmente más allá del área de la gota original junto con el solvente acuoso (López-Cisternas, J. y col., 2007). Desde un punto de vista cromatográfico, la afinidad de la proteína por el agua es mucho mayor que su afinidad por la matriz de celulosa sólida, y esta es la razón por la cual se distribuye por toda el área mojada. Ese es un comportamiento común de cualquier proteína de tamaño medio altamente hidrofílica. De la misma manera, en una mezcla definida proteína/polifenol, las interacciones de una proteína con compuestos más pequeños que muestran una gran afinidad con ella, como los compuestos fenólicos polifuncionales, inducirían a la organización de estructuras supramoleculares más grandes y menos difusibles (Charlton, A. y col., 2002). La medición sistemática de alteraciones tanto en la capacidad de difundir sobre matrices de celulosa como en la solubilidad de la/s fracción/es proteica/s, producidas por los polifenoles, permite la cuantificación de la formación de complejos polifenoles-proteína.

5.2.4.2. Preparación de soluciones de proteínas, EPFQTs y sustancias estándares

- ASB: Se pesó 1 mg de ABS en balanza analítica y se añadió agua bidestilada c.s.p. 1000 ml. Esta solución fue fraccionada en tubos eppendorfs que se colocaron en el freezer (-20 °C), descongelándose por única vez para la realización de los ensayos correspondientes.
- EPQTs: Se pesó en balanza analítica 1 mg de cada muestra (M2, M3, M4 y M5) y se añadió 100 ul de dimetilsulfóxido (DMSO) hasta total disolución. Se añadió agua bidestilada c.s.p 1000 ml. Estas soluciones fueron conservadas en frascos color caramelo a temperatura ambiente.
- Estándares fenólicos: Se pesó en balanza analítica 1 mg de ácido tánico (AT), ácido elágico (AE), ácido gálico (AE) y epi-galo-catequin-galato (EGCG). Para AT, AG y EGCG se añadió 100 ul de DMSO, mientras que para AE se añadió 300 ul de DMSO debido a su baja solubilidad en agua. Se agregó agua bidestilada c.s.p 1000 ml. Estas soluciones fueron fraccionadas en tubos eppendorfs y dispuestas en freezer (-20 °C), descongelándose una sola vez para la realización de los ensayos.

Preparación de diluciones de proteínas, EPFQTs y estándares fenólicos

Las distintas diluciones de ASB se prepararon utilizando agua bidestilada como solvente. Para HT-GLI y HT-GLU se empleó como solvente etanol

70°, mientras que para HT-GLU y HQ-GLU se utilizó una solución 50% v/v propanol/ TRIS-HCl 0,08 M pH 8,0.

Las diluciones de los EPFQTs se realizaron utilizando DMS0 al 10% (v/v) en agua bidestilada. Las diluciones de las sustancias estándares se prepararon empleando DMSO al 10% (v/v) en agua bidestilada para AT, AG y EGCG, y DMSO al 30% (v/v) en agua bidestilada para AE.

5.2.4.3. Ensayos de proteínas y polifenoles individuales

Se realizaron con el objetivo de determinar parámetros normales de difusión sobre membranas de celulosa. Concentraciones de ASB, HT-Gli, HQ-Gli, HT-Glu y HQ-Glu entre 0,01 y 1 mg/ml y de EPFQTs, AT, AE, AG y EGCG entre 0,001 y 1 mg/ml se cargaron ordenadamente sobre membranas de celulosa diferentes dejándose difundir libremente por 5 min, y marcándose los bordes (figura 15).

Figura 15. Carga de soluciones sobre membranas de celulosa tensada

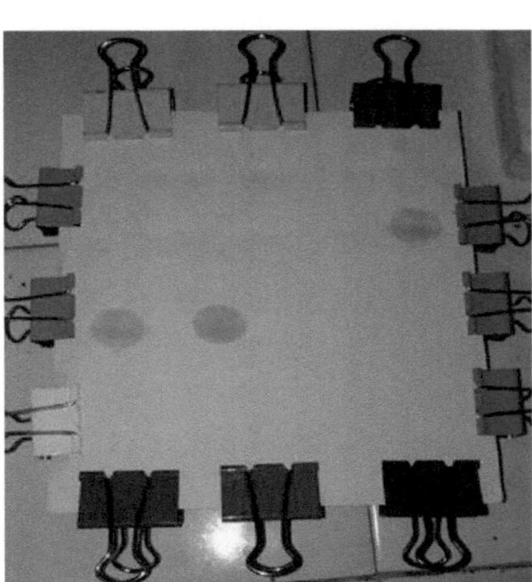

La membrana de celulosa fue procesada para la detección de proteínas con el colorante Azul de Coomassie, y luego digitalizada.

Tinción de membranas de celulosa

Para la detección de proteínas con el colorante Azul de Coomassie se procedió según la secuencia a continuación:

1) Fijación en Ácido tricloroacético 5% por 5 min.
2) Etanol 80% por 3 min.
3) Tinción en Azul de Coomassie por 10 min, siempre con agitación mecánica suave (figura 16).

Figura 16. Tinción de la membrana de celulosa en Azul de Coomassie

4) Destinción o lavado (figuras 17 A y B): se realizó mediante 4 lavados en ácido acético 7%, consistentes en: uno (1) de 7 min en abundante volumen (descartable) y tres (3) lavados de 10 min con pequeños volúmenes (reutilizables).

Figuras 17 A y B. Destinción o lavado de la membrana de celulosa

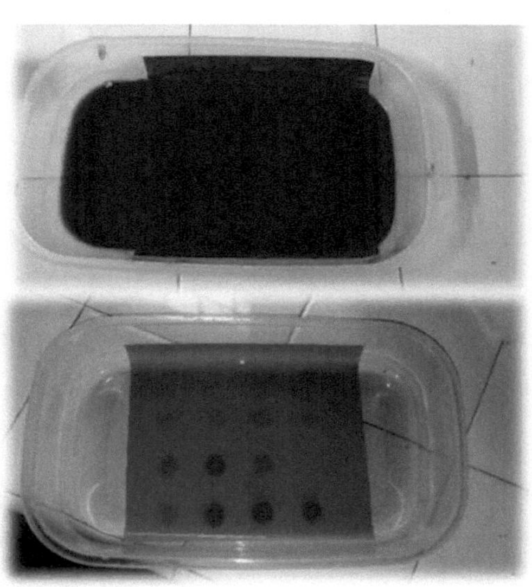

5) Finalmente, se efectuaron tres (3) lavados cortos con agua potable para eliminar el remanente de ácido acético y se dejó secar a temperatura ambiente sobre papel absorbente.

Los ensayos se realizaron por duplicado; se incluyeron una posición para agua destilada como control del solvente (o el solvente que corresponda) y una posición para la proteína de concentración 1mg/ml como control interno de la membrana de celulosa. También se realizaron controles de los estándares y muestras a evaluar, para determinar el grado de coloración que pudiera desarrollarse, independiente de la presencia de proteína. En estos ensayos se determinó además el patrón de difusión de cada tipo proteico, el cual puede ser monofásico o bifásico.

5.2.4.4. Ensayos de interacción proteína-polifenol

Se prepararon mezclas definidas, de volumen constante (200 ul), compuestas por ASB, HT-Gli, HQ-Gli, HT-Glu o HQ-Glu, en un rango de entre 0,01 y 1 mg/ml, más estándares o muestras polifenólicas (EPFQTs) en un rango entre 0,0625 y 0,5 mg/ml. Alícuotas de estas mezclas (15 ul) fueron cargadas sobre membranas de celulosa (figura 18), en las mismas condiciones descritas para las proteínas cargadas individualmente (5.2.4.3). Incluyéndose además del control interno, los controles de solvente correspondientes a cada muestra. La membrana de celulosa fue procesada para la detección de proteínas como se indicó en 5.2.4.3 y luego digitalizada.

La tinción de las membranas tratadas con AC proporcionó el contraste necesario para el análisis. La marca realizada en el límite de la difusión concedió un punto de referencia y el borde de áreas teñidas azul, otro. A partir de ambas marcas se definieron los parámetros área de difusión de la solución total y área de difusión de la fracción proteica, correspondientemente. Una disminución en el área de difusión de la fracción proteica asociada a la presencia de polifenoles se empleó como indicativo de interacción entre componentes de la fracción proteica y los polifenoles correspondientes (López-Cisternas, J. y col., 2007; Mateus, N. y col., 2004; Jöbstl, E. y col., 2004). Dependiendo del tipo y fuerza de interacción puede no observarse restricción de la difusión, sino alteraciones del patrón de difusión bifásico de la proteína ensayada.

5.2.4.5. Ensayos de precipitación

Las mezclas utilizadas en los ensayos de difusión (5.2.4.3), se centrifugaron a 450 g x 2 min. Cada sobrenadante se cargó sobre una membrana de celulosa (figura 18), y ésta fue procesada para la detección de proteínas como se indicó en 5.2.4.2. En este ensayo, una disminución de la intensidad de tinción fue indicativa de precipitación. Esta observación se complementó mediante la inspección visual de precipitado en los tubos. El ensayo de precipitación se define como un parámetro de la interacción entre proteínas y polifenoles en el punto de equivalencia de la precipitación (Obreque-Slier, E. y col., 2010; Charlton, A y col., 2010). Se refiere a la dilución a la que las partes interactúan completamente mediante la formación de complejos insolubles, observándose que al cargar el sobrenadante la difusión correspondiente a la fracción proteica teñida en la membrana de celulosa tiene mucha menor intensidad o desaparece, respecto de la observada en el ensayo de difusión. El punto de equivalencia consiste en la dilución a la que el/los polifenol/es logra/n precipitar la totalidad de la fracción proteica contenida en la solución proteica.

Figura 18. Esquema del ensayo de interacción polifenol-proteína

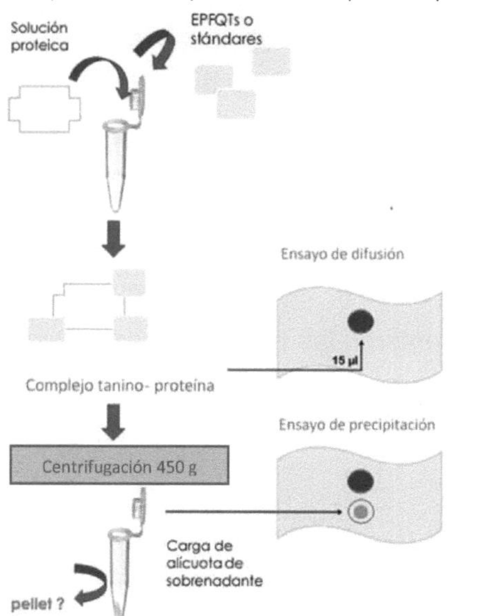

5.2.5. Procesamiento de imágenes y obtención de parámetros

Las membranas de celulosa teñidas se digitalizaron para obtener los respectivos archivos de imagen. Las imágenes digitalizadas se sometieron a análisis morfométricos mediante el software "Image-J" (para procesamiento de imagen y análisis). Las membranas de celulosa se escanearon ajustando las imágenes a tamaño real, color 24 bits, resolución de 300 ppp y destramado general. La evaluación de las imágenes digitales consistió, principalmente, en el estudio de la distribución de la intensidad de la tinción, realización de densitometrías y medición de las áreas de los "spots" o círculos teñidos de azul. En cada ocasión, se realizó una calibración previa midiendo con una regla la longitud (distancia conocida), proporcionando el software la escala en pixeles/cm de acuerdo a la longitud medida. El análisis morfométrico se realizó sobre la "imagen invertida", de acuerdo a una función específica del software, procedimiento que permite mayor contraste y una mejor apreciación de las áreas de interés (López-Cisternas, J. y col., 2007; Baxter, N. y col., 1997). Los parámetros se compararon con los controles proteicos y polifenólicos de referencia (5.2.4.3).

Los ensayos se realizaron por duplicado, aceptando un α=5%. Los datos se analizaron utilizando Test T y Test Tukey, en busca de diferencias significativas. Se presentaron las áreas promedio para cada muestra a las concentraciones ensayadas.

6. RESULTADOS

Los datos de áreas de difusión y los gráficos de densitometría, que reflejan objetivamente las diferencias de intensidad de tinción de las áreas, se utilizaron como parámetros para evaluar las interacciones entre los extractos polifenólicos químicamente tipificados (EPFQTs) de *C. paraguariensis* (M2, M3, M4, y M5) y las prolaminas de trigo, y ASB como proteína de referencia. Dichos parámetros se compararon primero con los obtenidos de los ensayos de difusión/precipitación de proteínas individuales.

6.1. Medición de áreas de un ensayo de difusión

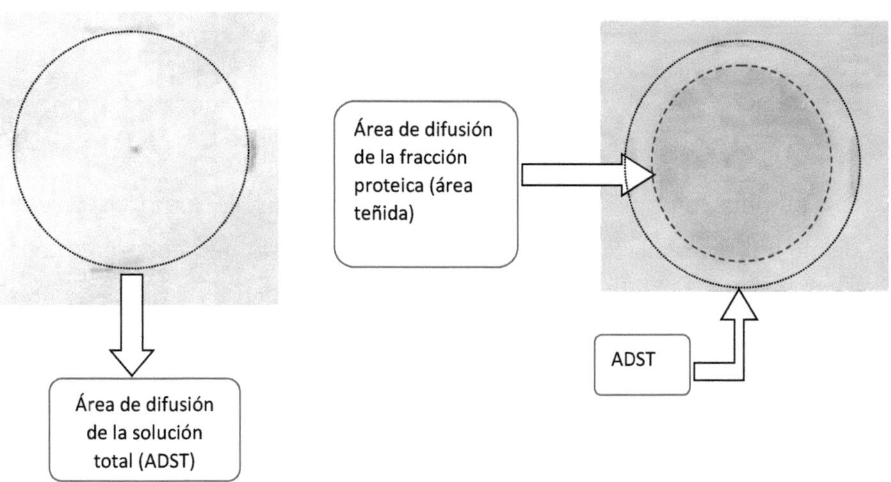

En un ensayo de difusión pueden medirse dos tipos de áreas: área de difusión de la solución total (delimitada por las marcas de carbono grafito) y área de difusión de la fracción proteica (área con tinción Azul Coomassie positiva).

6.2. Determinación de áreas de difusión y densitograma de Albúmina Sérica Bovina (ASB)

Figura 19. A: Densitograma de ASB obtenido con "Image-J", a partir de B: imagen del ensayo de difusión en membrana de celulosa teñida con AC. C: Tabla de diluciones y concentraciones de ASB

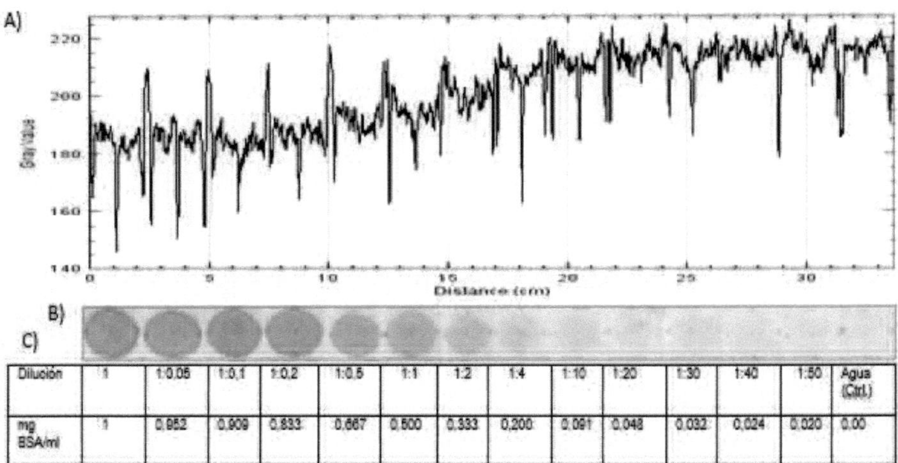

Dilución	1	1:0,05	1:0,1	1:0,2	1:0,5	1:1	1:2	1:4	1:10	1:20	1:30	1:40	1:50	Agua (Ctrl.)
mg BSA/ml	1	0,952	0,909	0,833	0,667	0,500	0,333	0,200	0,091	0,048	0,032	0,024	0,020	0,00

En el densitograma de ASB, la intensidad de tinción ("Gray Value") disminuyó con el aumento de la dilución. Esto es coherente con la reducción de la cantidad de proteína en cada alícuota. Los picos agudos que se observan corresponden a la marca de grafito que identifica el frente de difusión de la solución (figura 19 A).

La difusión de la ASB fue de tipo monofásica, esto significa que la distribución de la fracción de proteína en cada "spot" fue principalmente homogénea (excepto leve reforzamiento en el frente de difusión).

A diluciones altas entre 1:20 y 1:50 se alcanzó el límite de detección del método, siendo la intensidad de tinción análoga a la del fondo de la membrana de celulosa (figura 19 B). En la figura 20 se observa que el área de difusión de la solución total fue constante, mientras que el área de difusión de la fracción proteica disminuyó al aumentar la dilución, es decir, al disminuir la concentración de la proteína.

Figura 20. Áreas de difusión en el ensayo de ASB

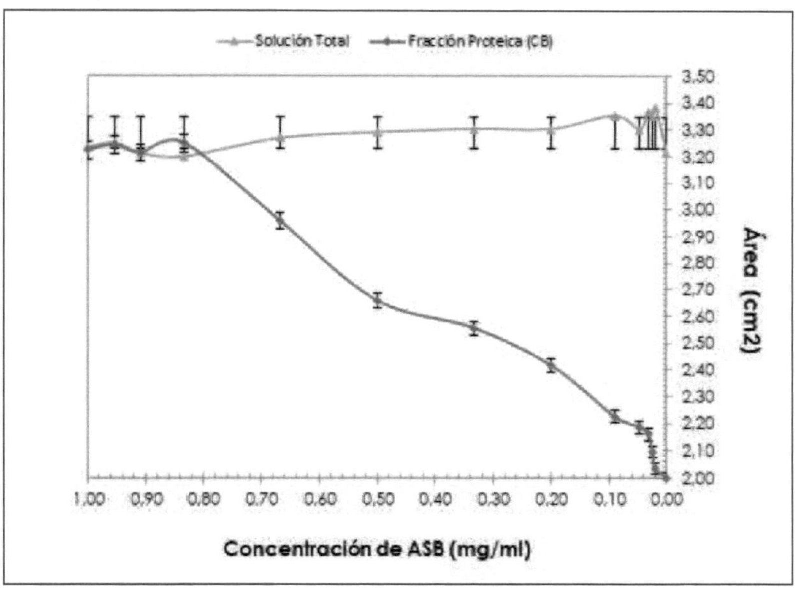

Referencias: Áreas de difusión de la solución total y de la fracción proteica en función de la concentración de ASB en mg/ml.

6.3. Determinación de interacciones entre ASB y ácido tánico

El ensayo de difusión/precipitación entre el polifenol de referencia, ácido tánico (AT: 0,25 mg/ml) y ASB (1-0,020 mg/ml), mostró la formación de precipitado a las concentraciones 2,50; 3,12; 3,55 y 3,75 ug BSA/vol siembra (Vs=15 uL), causando restricción de la difusión con disminución del área, respecto de las correspondientes a ASB (figura 21). Además, este fenómeno generó la disminución en la intensidad de tinción (aumento en el valor del "Gray Value") para aquellas concentraciones en las que se visualizó precipitado (figuras 22 A y B), excepto a 3,40 ug ASB/Vs, donde presentó un comportamiento anómalo.

Entre 1,88 y 0,08 ug ASB/ Vs se observó restricción en el área de difusión respecto de la ASB sola, pero no formación de precipitado; esto se evidencia al comparar las figuras 22 A y B, donde no se observó variación significativa en la intensidad de tinción.

Figura 21. Áreas de difusión/precipitación del ensayo ASB-AT

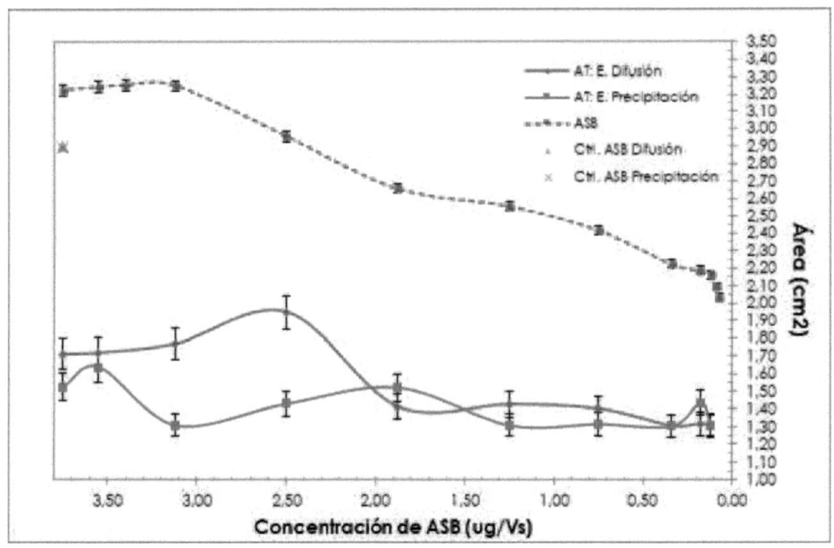

Referencias: En la parte superior se observan áreas de difusión de la ASB. En la parte inferior, área de difusión/precipitación AT (0,25 mg/ml) con ASB.

Figura 22 A. Densitograma del ensayo de difusión en membrana de celulosa (MC) de AT (0,25 mg/ml) y ASB

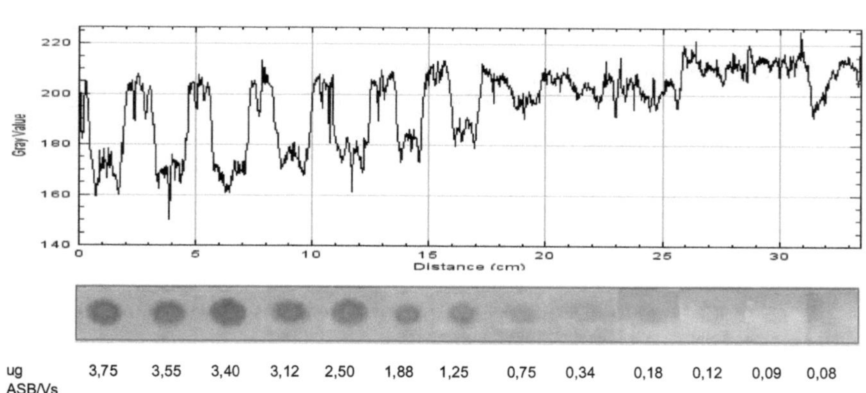

Figura 22 B. Densitograma del ensayo de precipitación en MC de AT (0,25 mg/ml) y ASB

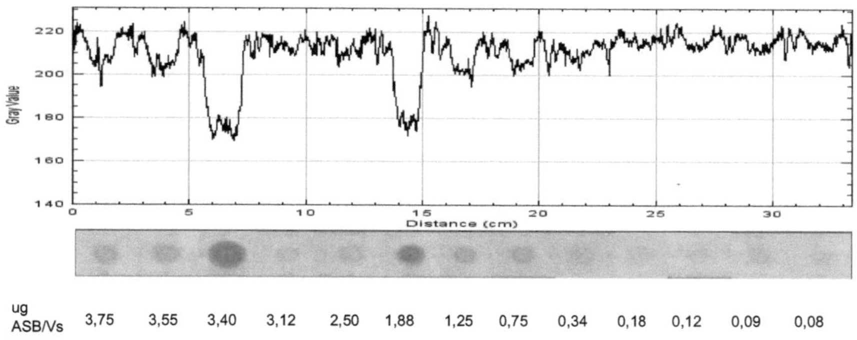

También se realizó el ensayo de difusión/precipitación en el rango de ASB descripto, empleando AT a concentraciones menores (0,1250 y 0,0625 mg/ml), pero estos ensayos no evidenciaron interacción (ausencia de restricción de difusión respecto de ASB sola, a todas las diluciones ensayadas, y no formación de precipitado).

AT 0,25 mg/ml fue capaz de complejar la proteína de referencia ASB, presentando formación de complejo soluble con ASB entre 1,88 y

0,08 ug/Vs y formación de complejo insoluble entre 3,75 y 2,50 ug ASB/Vs.

6.4. Determinación de interacciones entre ASB y muestras polifenólicas (EPFQTs) 0,25 mg/ml de *C. paraguariensis*

Figura 23. Áreas de difusión y precipitación expresadas en función de ASB A: Área de difusión/precipitación ASB y M2. B: Área de difusión/precipitación ASB y M3. C: Área de difusión ASB y M4. D: Área de difusión ASB y M5

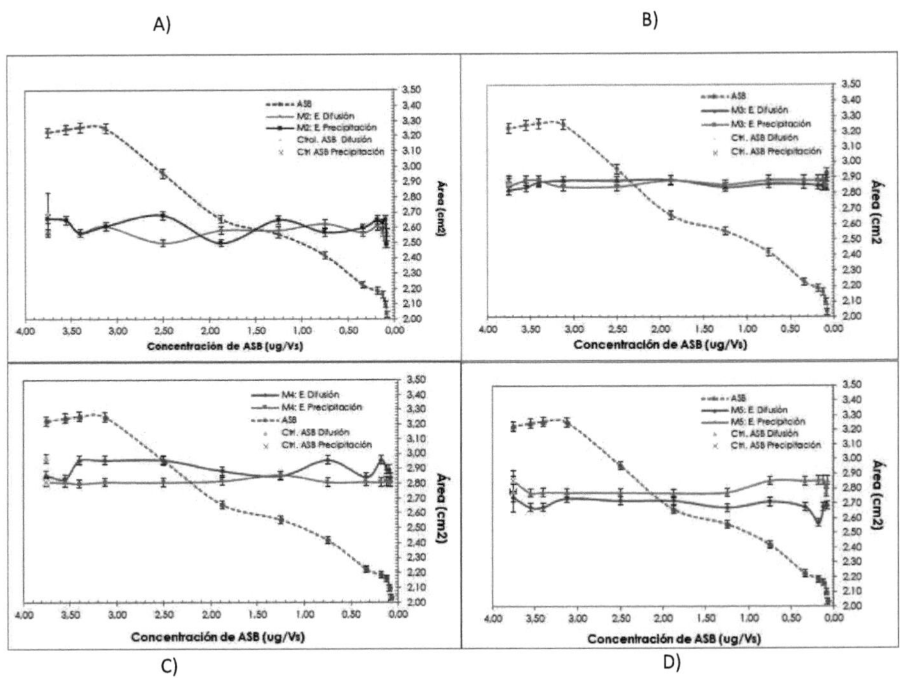

A partir de los resultados de interacción de AT con ASB se seleccionaron las concentraciones de muestras polifenólicas de *C. paraguariensis* a ensayar frente a ASB: 0,25 y 0,50 mg/ml.

La mezcla ASB y M2 (0,25 mg/ml) evidenció interacción en el ensayo de difusión, observándose restricción de la difusión entre 3,75 y 1,50 ug

ASB/Vs. No se observó precipitado ni restricción de la difusión en el ensayo de precipitación, lo que sugiere que la interacción se debe a la formación de complejo soluble (figura 23 A). Desde 1,50 a 0,08 ug ASB/Vs no se evidenciaron diferencias significativas de las áreas de difusión.

Al mezclar M3 (0,25 mg/ml) y ASB, se vio restricción de la difusión entre 3,75 y 2,40 ug ASB/Vs; no se observó formación de precipitado, indicando que el tipo de interacción se dio por formación de complejo soluble (figura 23 B).

La mezcla M4 (0,25 mg/ml) y ASB evidenció restricción de la difusión entre 3,75 y 2,50 ug ASB/Vs; no se observó precipitado a las concentraciones de ASB ensayadas (figura 23 C).

Al ensayar M5 (0,25 mg/ml) y ASB, se observó restricción de la difusión entre 3,75 y 2,20 ug ASB/Vs, con respecto a ASB sola (figura 23 D). No se apreció precipitado a ninguna de las concentraciones de proteína analizadas, indicando que la interacción se dio por formación de complejo soluble.

Todos los EPFQTs de *C. paraguariensis* a 0,25 mg/ml fueron capaces de interactuar con ASB por formación de complejo soluble.

Los ensayos realizados con EPFQTs de *C. paraguariensis* a 0,50 mg/ml, evidenciaron restricción en la difusión entre 3,75 y 1,88 ug ASB/Vs. Ningún extracto polifenólico evidenció formación de precipitado a las concentraciones donde se verificó interacción.

Estos resultados demuestran una baja especificidad de las muestras de *C. paraguariensis* en la interacción con ASB, y menor sensibilidad respecto de la complejación demostrada con AT. Además, el polifenol de referencia (AT) formó complejos insolubles con ASB, mientras que los EPFQTs, sólo formaron complejos solubles, evidenciando una interacción más débil respecto de AT.

6.5. Análisis de las fracciones de prolaminas de harina de trigo y de quinua

El fraccionamiento por solubilidad de prolaminas de harina de trigo y de quinua, generó cuatro fracciones diferentes:

Tabla 4. Fracciones de prolaminas obtenidas de harinas de trigo y de quinua

Harinas		Fraccionamiento según solubilidad	
Trigo	Quinua	Soluble en alcohol	Soluble en ácido diluido
HT-Gli		X	
HT-Glu			X
	HQ-Gli	X	
	HQ-Glu		X

El contenido de proteínas totales de las mismas se determinó por el método de Bradford.

Figura 24. Curva estándar de ASB

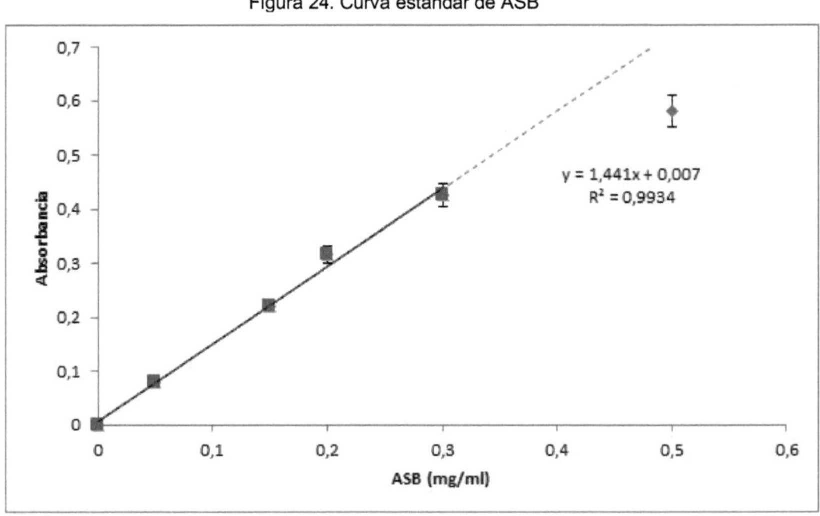

El análisis de regresión lineal de la curva estándar de ASB (figura 24) dio como resultado las siguientes concentraciones proteicas:

- HT-Gli: 0,240 ± 0, 010 mg/ml
- HT-Glu: 0,097 ± 0,011 mg/ml
- HQ-Gli: 0,067 ± 0,013 mg/ml
- HQ-Glu: 0,120 ± 0,010 mg/ml

6.5.1. Caracterización de fracciones de prolaminas por electroforesis vertical (SDS-PAGE)

Se llevó a cabo la electroforesis para corroborar la eficacia del fraccionamiento secuencial a partir de harinas. Se evaluaron los perfiles obtenidos según el rango de pesos moleculares, y la intensidad de tinción de las bandas observadas (figura 25).

Figura 25. Imagen del gel teñido con Azul de Coomassie

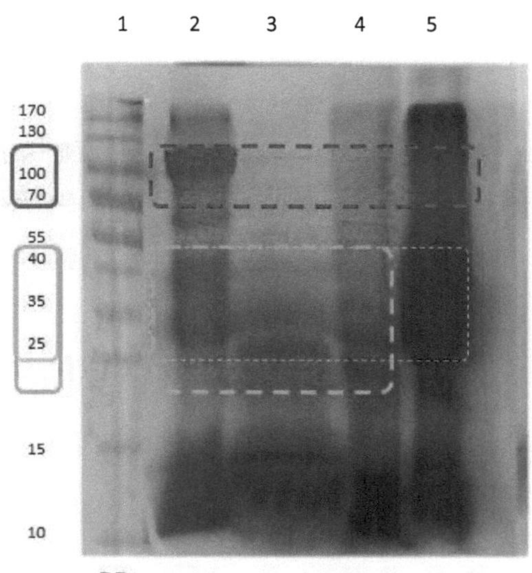

En la figura 25 puede observarse que en la calle 1 fue sembrado el marcador "PageRuler" (PR) para la estimación de las masas moleculares de cada fracción proteica sembrada.

En la calle 5, correspondiente a HT-Gli, se observó una banda intensa de masa molecular (MM) entre 25 y 45 kDa, compatible con el rango de MM descripto para las gliadinas de trigo. Al observar la calle 3, correspondiente a HQ-Gli, pudo apreciarse una banda débil próxima a una MM de 25 kDa, indicando baja concentración de esta clase de proteína en la fracción ensayada.

Para HT-Glu (calle 2), se distinguió una banda de alta MM entre 80 y 110 kDa y bandas poco definidas entre 30 y 40 kDa, compatibles con las gluteninas de alta y baja MM.

HQ-Glu (calle 4), presentó dos bandas entre 20 y 30 kDa, compatibles con el rango de MM de las gluteninas, aunque menos intensas que las correspondientes a HT-Glu.

En todos los casos se visualizaron bandas notables entre 10 y 15 kDa, las cuales corresponderían a proteínas no formadoras de gluten (albúminas y globulinas) presentes en las fracciones.

De acuerdo a los perfiles observados en electroforesis para las distintas fracciones sembradas puede concluirse que el método aplicado logró separar las gliadinas de las gluteninas, generando fracciones enriquecidas en cada tipo. Sin embargo, no fue eficiente para separar las prolaminas de otras proteínas no formadoras de gluten.

6.6. Determinación de interacciones de prolaminas de trigo y de quinua con muestras polifenólicas (EPFQTs) de *C. paraguariensis*

Los extractos de harina de Trigo (HT-Gli y HT-Glu) y de Quinua (HQ-Gli y HQ-Glu) fueron aplicados individualmente en los ensayos de difusión y de interacción con polifenoles vegetales (EPFQTs y estándares).

Una disminución en el área de difusión de la fracción proteica asociada a la presencia de polifenoles se empleó como indicativo de interacción entre componentes de la fracción proteica y los polifenoles correspondientes. Dependiendo del tipo y fuerza de interacción, y al generar patrones de difusión bifásicos puede no observarse restricción de la difusión, sino alteraciones del patrón de difusión de la proteína ensayada.

6.6.1. Difusión de HT-Gli en membrana de celulosa

Figura 26. A: Densitograma de difusión HT-Gli obtenido con "Image-J", a partir de B: fotografía del ensayo de difusión en membrana de celulosa teñida con AC. C: Tabla de parámetros y valores referidos al ensayo

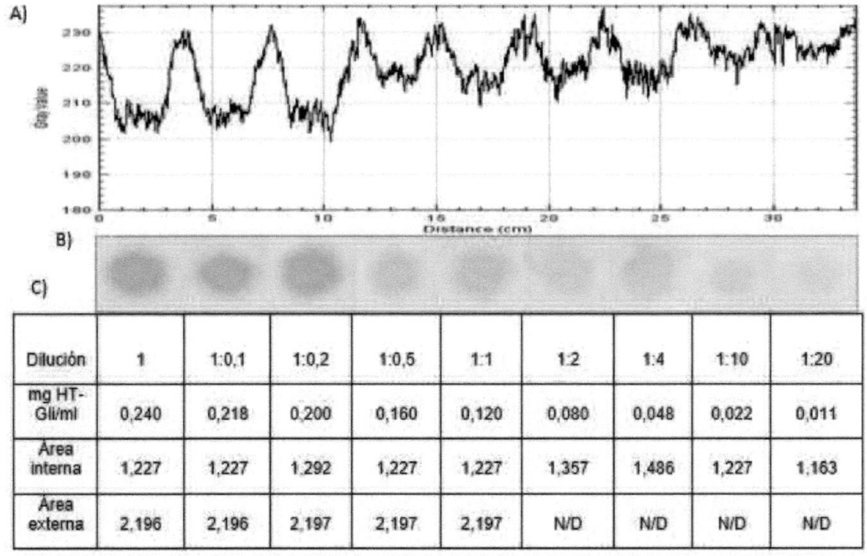

Dilución	1	1:0,1	1:0,2	1:0,5	1:1	1:2	1:4	1:10	1:20
mg HT-Gli/ml	0,240	0,218	0,200	0,160	0,120	0,080	0,048	0,022	0,011
Área interna	1,227	1,227	1,292	1,227	1,227	1,357	1,486	1,227	1,163
Área externa	2,196	2,196	2,197	2,197	2,197	N/D	N/D	N/D	N/D

La difusión de las gliadinas de harina de trigo (HT-Gli) fue de tipo bifásica, debido a que la distribución de la fracción proteica no fue uniforme en cada siembra. Se pudo observar que la máxima intensidad de tinción se dio entre 0,240 y 0,200 mg HT-Gli/ml (mayores concentraciones proteicas), disminuyó luego y se mantuvo constante a partir de 0,160 a 0,048 mg HT-Gli/ml y, finalmente, continuó decreciendo (figura 26 B). El área de difusión externa fue constante para las concentraciones mayores de proteínas, mientras que a partir de los 0,120 mg de HT-Gli /ml no se pudo determinar debido a que la intensidad de coloración fue similar a la del fondo (figura 26 C).

6.6.2. Determinación de interacciones entre HT-Gli y EPFQTs de *C. paraguariensis*

6.6.2.1. Ensayo de difusión HT-Gli y M2 (0,5 mg/ml)

Figura 27. A: Densitograma de difusión HT-Gli y M2 obtenido con "Image-J", a partir de B: fotografía del ensayo de difusión en membrana de celulosa teñida con AC. C: Tabla de parámetros y valores referidos al ensayo

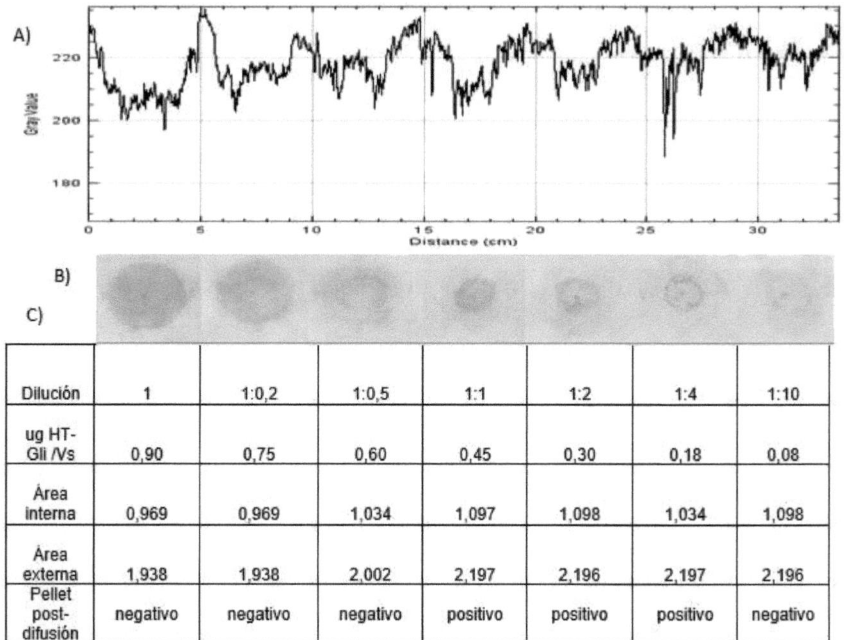

Dilución	1	1:0,2	1:0,5	1:1	1:2	1:4	1:10
ug HT-Gli /Vs	0,90	0,75	0,60	0,45	0,30	0,18	0,08
Área interna	0,969	0,969	1,034	1,097	1,098	1,034	1,098
Área externa	1,938	1,938	2,002	2,197	2,196	2,197	2,196
Pellet post-difusión	negativo	negativo	negativo	positivo	positivo	positivo	negativo

6.6.2.2. Ensayo de precipitación HT-Gli y M2 (0,5 mg/ml)

Figura 28. A: Densitograma de precipitación HT-Gli y M2 obtenido con "Image-J", a partir de B: fotografía del ensayo de difusión en membrana de celulosa teñida con AC.C: Tabla de parámetros y valores referidos al ensayo

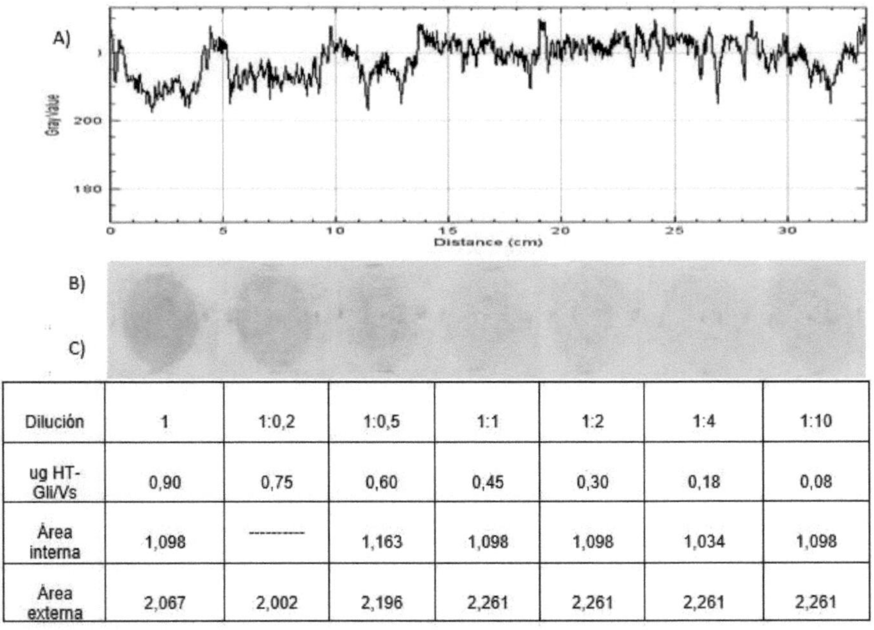

Dilución	1	1:0,2	1:0,5	1:1	1:2	1:4	1:10
ug HT-Gli/Vs	0,90	0,75	0,60	0,45	0,30	0,18	0,08
Área interna	1,098	----------	1,163	1,098	1,098	1,034	1,098
Área externa	2,067	2,002	2,196	2,261	2,261	2,261	2,261

Al ensayar la mezcla M2 (0,5 mg/ml) y HT-Gli, no se observó restricción de la difusión al comparar las áreas obtenidas a partir de los ensayos de difusión y precipitación. El patrón de difusión continuó siendo bifásico (figuras 26, 27 y 28 B y C).

Luego de la centrifugación post- difusión, se visualizó precipitado a 0,45; 0,30 y 0,18 ug HT-Gli/Vs. La presencia de precipitado se vio reflejada en un cambio en la intensidad de tinción, es decir en un aumento en el valor del "Gray Value". Al comparar los densitogramas (figuras 27 y 28 A), puede observarse como para las tres concentraciones citadas, los picos correspondientes a los bordes del área interna de difusión fueron menos agudos en el ensayo de precipitación, y en general presentaron valores mayores de "Gray Value", indicando menor intensidad, y por lo tanto menor concentración proteica.

6.6.2.3. Ensayo de difusión M3 (0,5 mg/ml) y HT-Gli

Figura 29. A: Densitograma de difusión HT-Gli y M3 obtenido con "Image-J", a partir de B: fotografía del ensayo de difusión en membrana de celulosa teñida con AC .C: Tabla de parámetros y valores referidos al ensayo

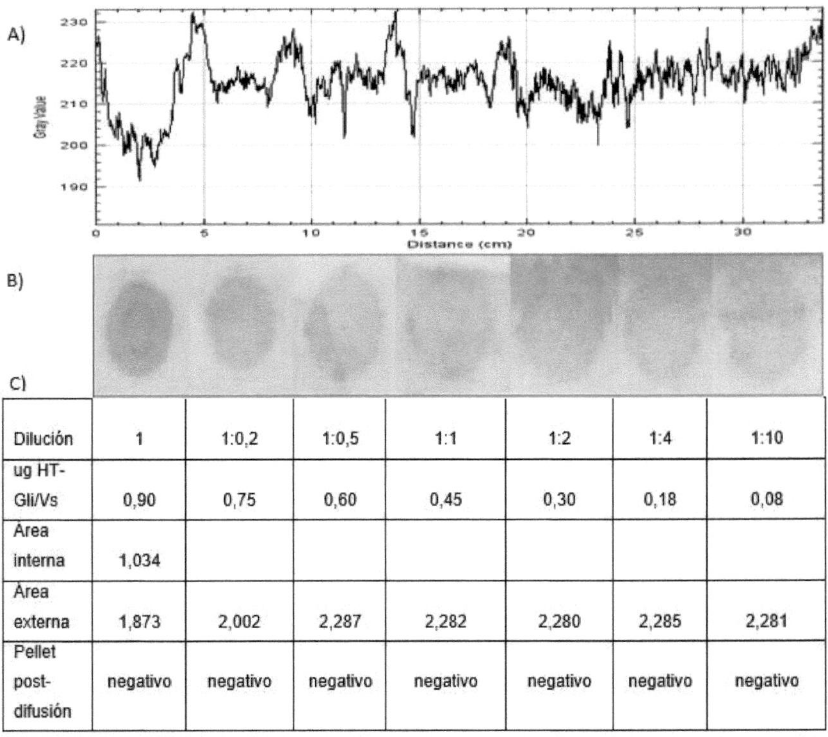

Dilución	1	1:0,2	1:0,5	1:1	1:2	1:4	1:10
ug HT-Gli/Vs	0,90	0,75	0,60	0,45	0,30	0,18	0,08
Área interna	1,034						
Área externa	1,873	2,002	2,287	2,282	2,280	2,285	2,281
Pellet post-difusión	negativo	negativo	negativo	negativo	negativo	negativo	negativo

En la mezcla M3 (0,5 mg/ml) y HT-Gli, se produjo un cambio en el patrón de difusión respecto de HT-Gli sola, de bifásico a monofásico entre 0,75 y 0,08 ug HT-Gli/Vs (excepto a 0,90 ug HT-Gli/Vs). No se observó restricción en el área de difusión con respecto a HT-Gli sola, pero se notó leve disminución del área externa para las dos concentraciones más altas de proteína (0,90 y 0,75 ug HT-Gli/Vs). No se observó formación de precipitado post-centrifugación, a ninguna concentración ensayada. En el densitograma (figura 29 A), la intensidad de tinción fue notablemente mayor para la concentración más alta de proteína (0,90 ug HT-Gli/Vs). Las concentraciones menores de HT-Gli, se mantuvieron prácticamente constantes.

M3 presentó interacción con HT-Gli, a través de formación de complejo soluble, aunque a la concentración más alta ensayada (0,90 ug HT-Gli/Vs) la interacción fue más débil, predominando el patrón bifásico original de HT-Gli (figura 29 B).

6.6.2.4. Ensayo de difusión HT- Gli y M4 (0,5 mg/ml)

Figura 30. A: Densitograma de difusión HT-Gli y M4 obtenido con "Image-J", a partir de B: fotografía del ensayo de difusión en membrana de celulosa teñida con AC. C: Tabla de parámetros y valores referidos al ensayo

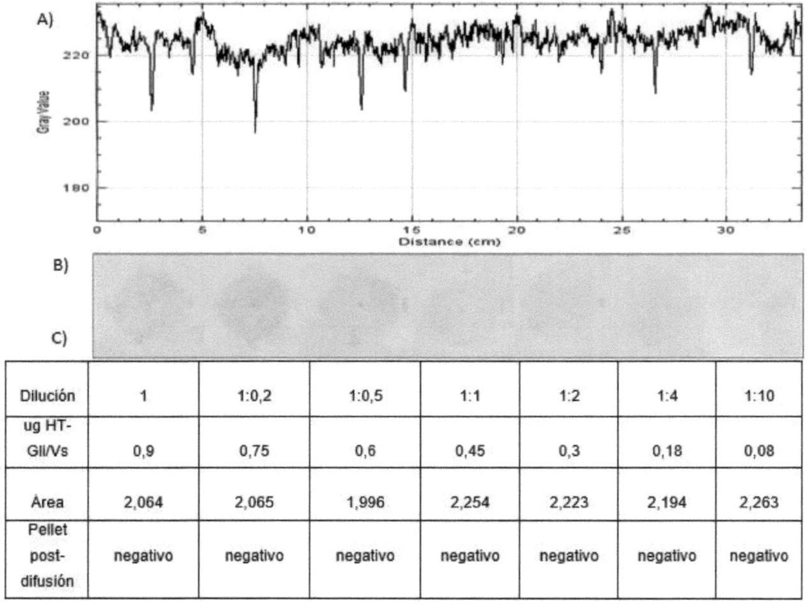

Dilución	1	1:0,2	1:0,5	1:1	1:2	1:4	1:10
ug HT-Gli/Vs	0,9	0,75	0,6	0,45	0,3	0,18	0,08
Área	2,064	2,065	1,996	2,254	2,223	2,194	2,263
Pellet post-difusión	negativo	negativo	negativo	negativo	negativo	negativo	negativo

El ensayo entre M4 (0,5 mg/ml) y HT-Gli dio como resultado la pérdida del patrón bifásico para todas las concentraciones de proteínas ensayadas (figuras 26 y 30 B). La interacción se debería a la formación de complejos de tipo soluble, ya que no se observó precipitado en ninguna de las concentraciones de HT-Gli ensayadas. Además, la intensidad de tinción fue prácticamente constante para todo el rango de concentraciones proteicas. Los picos agudos que pueden observarse en el densitograma corresponden a la marca del carbono grafito en los puntos de siembra (figura 30 A).

6.6.2.5. Ensayo de difusión HT-Gli y M5 (0,5 mg/ml)

Figura 31. A: Densitograma de difusión HT-Gli y M5 obtenido con "Image-J", a partir de B: fotografía del ensayo de difusión en membrana de celulosa teñida con AC .C: Tabla de parámetros y valores referidos al ensayo

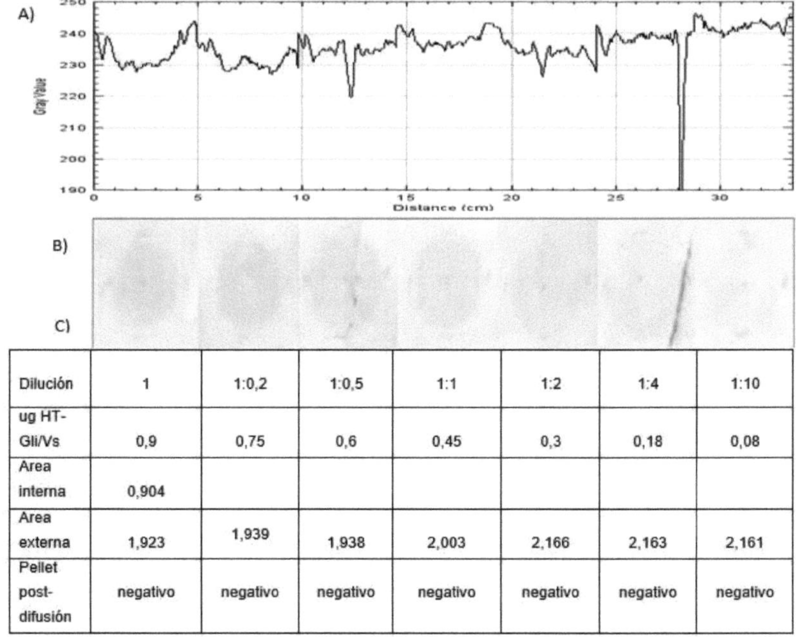

Dilución	1	1:0,2	1:0,5	1:1	1:2	1:4	1:10
ug HT-Gli/Vs	0,9	0,75	0,6	0,45	0,3	0,18	0,08
Area interna	0,904						
Area externa	1,923	1,939	1,938	2,003	2,166	2,163	2,161
Pellet post-difusión	negativo	negativo	negativo	negativo	negativo	negativo	negativo

En el ensayo entre HT-Gli y M5, el patrón de difusión sufrió cambios para todas las concentraciones de proteína ensayadas, excepto con 0,90 ug HT-Gli /Vs. (figuras 26 y 31 B); no se registró formación de precipitado, lo que indicaría que M5 interacciona con HT-Gli, a través de la formación de complejo soluble, aunque a la concentración más alta ensayada (0,90 ug HT-Gli/Vs) la interacción fue más débil, predominando el patrón proteico. El valor de "Gray Value" fue prácticamente el mismo para todas las concentraciones proteicas durante el ensayo de difusión, encontrándose entre los 230 y los 240 aproximadamente (figura 31 A).

También se realizaron estos ensayos empleando los EPFQTs a 0,25 mg/ml. Los resultados encontrados en los ensayos de difusión, mostraron ausencia de restricción de áreas de difusión, pérdida del patrón bifásico entre 0,75 y 0,08 ug HT-Gli/Vs, y no formación de precipitado (gráficos no mostrados), indicando que la interacción observada se debería a la formación de complejo soluble.

El análisis de interacción entre HT-Gli y los EPFQTs (M2, M3, M4 y M5) a una concentración de 0,50 mg/ml reveló que la muestra M2 fue la única capaz de formar complejo insoluble con tres de las concentraciones proteicas ensayas (0,45; 0,30 y 0,18 ug HT-Gli/Vs).

6.6.3. Difusión de HQ-Gli en membrana de celulosa

Figura 32. A: Densitograma de difusión HQ-GLI obtenido con "Image-J", a partir de B: fotografía del ensayo de difusión en membrana de celulosa teñida con AC .C: Tabla de parámetros y valores referidos al ensayo

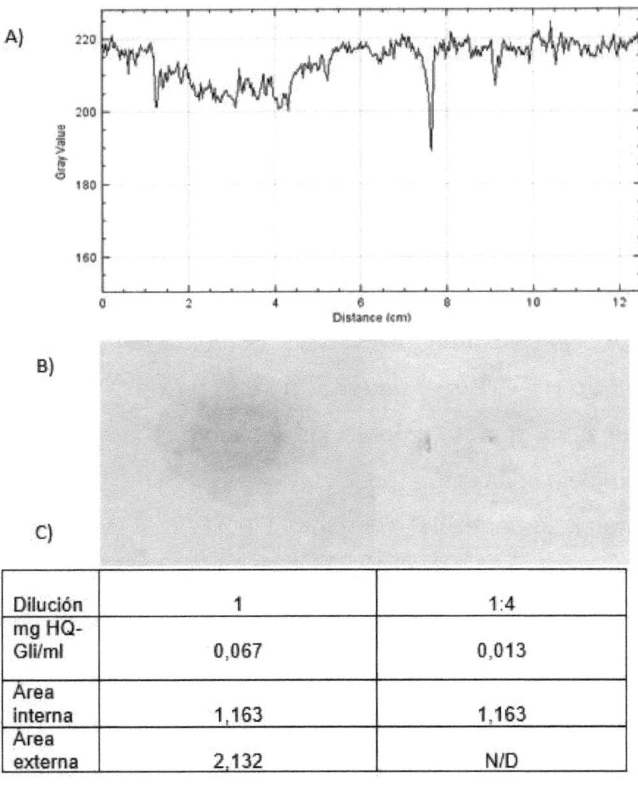

Dilución	1	1:4
mg HQ-Gli/ml	0,067	0,013
Área interna	1,163	1,163
Área externa	2,132	N/D

Las concentraciones ensayadas de HQ-Gli, HT-Glu y HQ-Glu, se seleccionaron basándose en aquellas a las cuales se observó interacción por formación de complejo insoluble con la muestra M2 de *C. paraguariensis.*

El patrón de difusión de HQ-Gli que pudo apreciarse fue bifásico (figura 32 B) debido a que la distribución de la porción proteica no fue homogénea en cada "spot", siendo el área de difusión interna igual para ambas concentraciones ensayadas. En cuanto a la intensidad de tinción, puede verse que fue superior a los 0,067 mg de HQ-Gli/ml. Los picos agudos que se observan en el densitograma corresponden a las marcas de carbono grafito (figura 32 A).

6.6.4. Determinación de interacciones entre HQ-Gli y EPFQTs de *C. paraguariensis*

6.6.4.1. Ensayo de difusión HQ-Gli y M2 (0,5 mg/ml)

Figura 33. A: Densitograma de difusión HQ-Gli y M4 obtenido con "Image-J", a partir de B: fotografía del ensayo de difusión en membrana de celulosa tenida con AC. C: Tabla de parámetros y valores referidos al ensayo

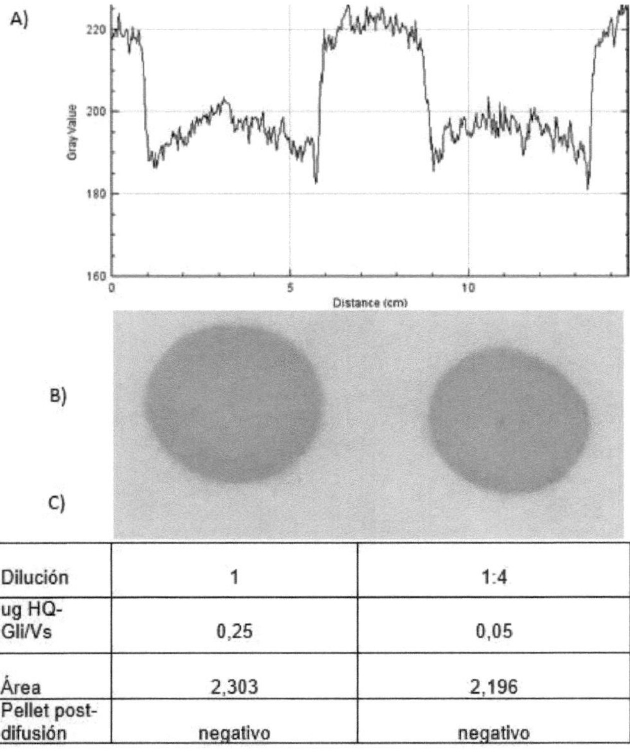

Dilución	1	1:4
ug HQ-Gli/Vs	0,25	0,05
Área	2,303	2,196
Pellet post-difusión	negativo	negativo

6.6.4.2. Ensayo de difusión HQ-Gli y M3 (0,5 mg/ml)

Figura 34. A: Densitograma de difusión HQ-Gli y M3 obtenido con "Image-J" a partir de B: fotografía del ensayo de difusión en membrana de celulosa tenida con AC.C: Tabla de parámetros y valores referidos al ensayo

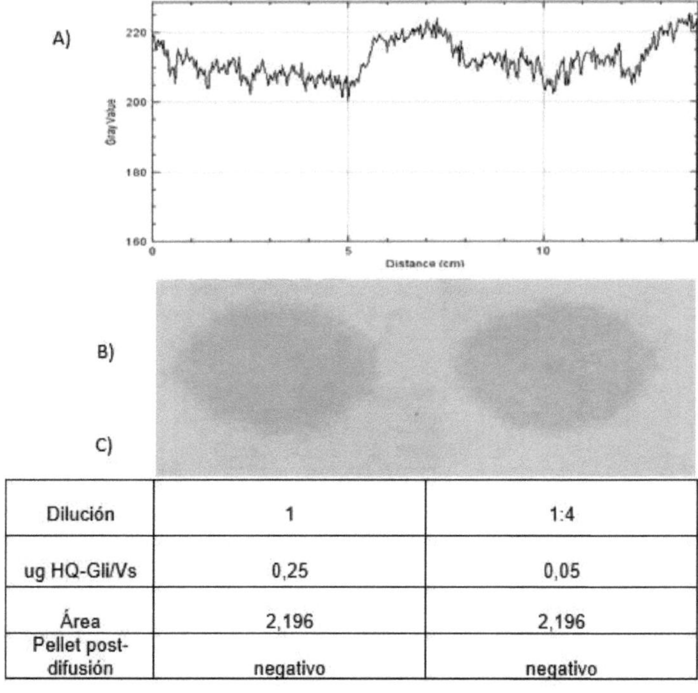

Dilución	1	1:4
ug HQ-Gli/Vs	0,25	0,05
Área	2,196	2,196
Pellet post-difusión	negativo	negativo

6.6.4.3. Ensayo de difusión HQ-Gli y M4 (0,5 mg/ml)

Figura 35. A: Densitograma de difusión HQ-Gli y M4 obtenido con "Image-J", a partir de B: fotografía del ensayo de difusión en membrana de celulosa tenida con AC. C: Tabla de parámetros y valores referidos al ensayo

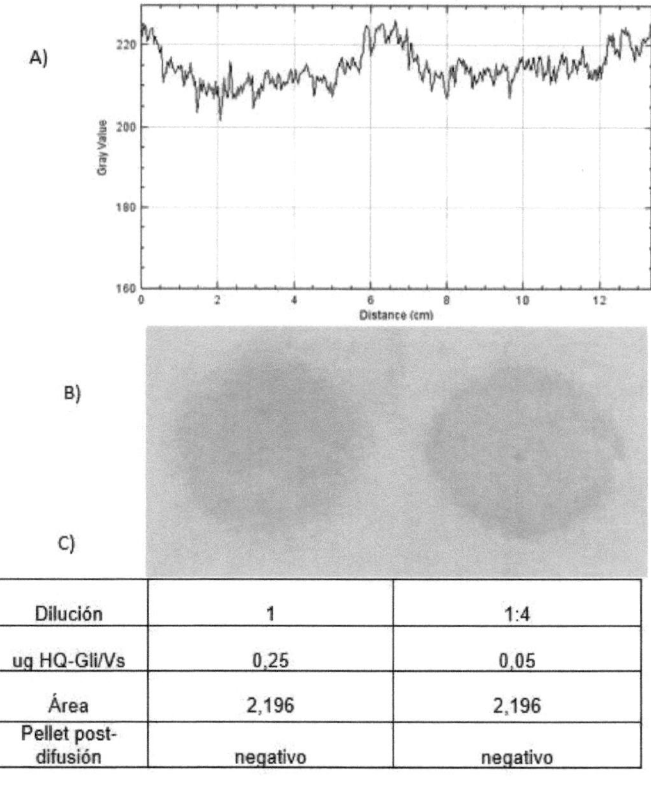

Dilución	1	1:4
ug HQ-Gli/Vs	0,25	0,05
Área	2,196	2,196
Pellet post-difusión	negativo	negativo

6.6.4.4.Ensayo de difusión HQ-Gli y M5 (0,5 mg/ml)

Figura 36. A: Densitograma de difusión HQ-Gli y M5 obtenido con" Image-J", a partir de B: fotografía del ensayo de difusión en membrana de celulosa teñida con AC. C: Tabla de parámetros y valores referidos al ensayo

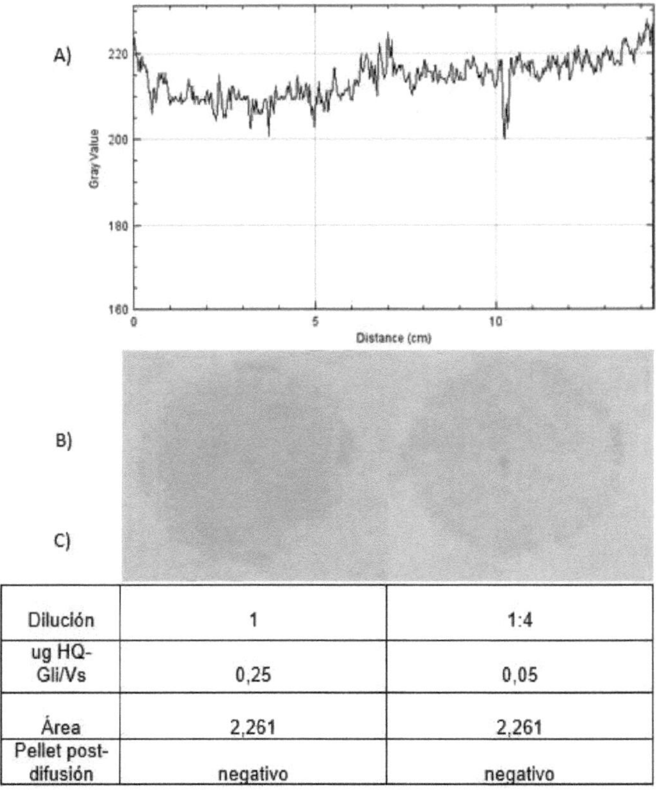

Dilución	1	1:4
ug HQ-Gli/Vs	0,25	0,05
Área	2,261	2,261
Pellet post-difusión	negativo	negativo

Al mezclar HQ-Gli con M2, M3, M4 y M5 (0,5 mg/ml), no se observó restricción en las áreas de difusión respecto de HQ-Gli sola, pero sí un cambio en el patrón de difusión de bifásico a monofásico para todas las concentraciones de proteína ensayadas (figuras 32, 33, 34, 35 y 36 B y C). No se observó formación de precipitado en las mezclas ensayadas, por lo tanto, la interacción se debería a la formación de complejos de tipo soluble.

6.6.5. Difusión de HT-Glu en membrana de celulosa

Figura 37. A: Densitograma de difusión HT-Glu obtenido con "Image-J", a partir de B: fotografía del ensayo de difusión en membrana de celulosa teñida con AC. C: Tabla de parámetros y valores referidos al ensayo

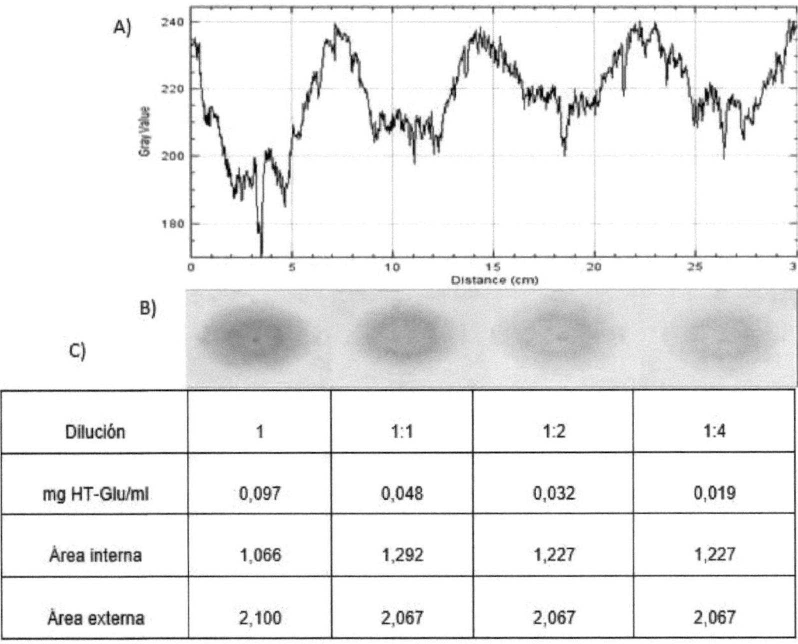

Dilución	1	1:1	1:2	1:4
mg HT-Glu/ml	0,097	0,048	0,032	0,019
Área interna	1,066	1,292	1,227	1,227
Área externa	2,100	2,067	2,067	2,067

Las gluteninas de la harina de trigo (HT-Glu) presentaron, al igual que las HT-Gli y HQ-Gli, un patrón de difusión bifásico para todas las concentraciones ensayadas dado que la distribución de la fracción proteica no fue uniforme en cada siembra (Figura 37 B). En cuanto a la intensidad de tinción, el valor de "Gray Value" aumentó al disminuir la concentración proteica, siendo idéntico para 0,032 y 0,019 mg HT-Glu/ml (figura 37 A).

Los picos agudos que se observan en el densitograma corresponden a las marcas de carbono grafito (figura 37 A).

6.6.6. Determinación de interacciones entre gluteninas y M2

6.6.6.1. Ensayo de difusión HT-Glu y M2 (0,5 mg/ml)

Figura 38. A: Densitograma de difusión HT-Glu y M2 obtenido con "Image-J", a partir de B: fotografía del ensayo de difusión en membrana de celulosa teñida con AC. C: Tabla de parámetros y valores referidos al ensayo

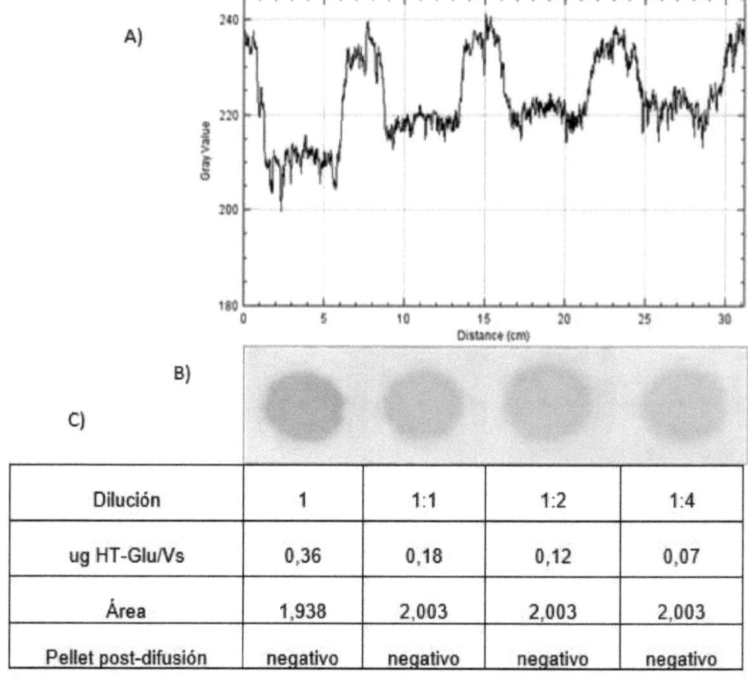

Dilución	1	1:1	1:2	1:4
ug HT-Glu/Vs	0,36	0,18	0,12	0,07
Área	1,938	2,003	2,003	2,003
Pellet post-difusión	negativo	negativo	negativo	negativo

Al ensayar las diferentes concentraciones de HT-Glu con M2 (0,5 mg/ml), el patrón de difusión cambió de bifásico a monofásico. Para la concentración mayor de HT-Glu (0,36 ug HT-Glu/Vs.) se observó una pequeña restricción en la difusión (figura 37 y 38 C), mientras que para el resto de las concentraciones no se registraron diferencias con respecto a HT-Glu sola.

En el densitograma puede apreciarse que el "Gray Value" fue menor para la concentración mayor de proteína, es decir la intensidad de tinción fue mayor, siendo luego prácticamente constante para el resto de las concentraciones proteicas ensayadas (figura 38 A). No se observó formación de precipitado a las concentraciones de HT-Glu ensayadas, por lo tanto, la interacción observada a la mayor concentración de HT-Glu se debería a la formación de complejo de tipo soluble.

La fracción HQ-Glu se ensayó en las mismas condiciones con M2, y no se observó interacción a las concentraciones 0,09-0,45 ug/Vs.

6.7. Determinación de interacciones entre HT-Gli y estándares fenólicos

Con el objetivo de demostrar si estándares monoméricos y oligoméricos son capaces de formar complejos con HT-Gli, se determinaron las interacciones entre HT-Gli y estándares fenólicos, ya que en las muestras polifenólicas analizadas pueden coexistir compuestos fenólicos no poliméricos, como los monómeros u oligómeros de polifenoles, y éstos podrían exhibir influencia en la interacción con la proteína de interés. Además, se ensayó AT (polifenol de referencia) para evaluar si es capaz de complejarse con la proteína de interés (HT-Gli). Para estos ensayos se utilizaron las mismas concentraciones que para los ensayos de interacción entre EPFQTs y HT-Gli (0,25 y 0,50 mg/ml).

Con AT (PF de referencia), EGCG (control oligomérico) y AG (control monomérico), no se observó pérdida del patrón bifásico, restricción del área de difusión de HT-Gli a 0,90 ug/Vs; tampoco se observó precipitado post-centrifugación, por lo tanto, el AT, EGCG y AG no presentaron interacción visible con HT-Gli.

Respecto del ácido élagico (control monomérico de elagitaninos), no fue posible obtener resultados concluyentes, ya que precipita en ausencia y presencia de HT-Gli; esto se debe a su baja solubilidad en el medio acuoso donde se disuelve la proteína.

7. DISCUSIÓN

El modo de difusión sobre membrana de celulosa permite la caracterización de soluciones proteicas a partir de un enfoque macromolecular (Obreque-Slier, E. y col., 2010; Obreque- Slier, E. y col., 2012), a través de la utilización de colorantes altamente selectivos como Coomassie Blue R-250. Este método se usó anteriormente para cuantificar la interacción de polifenoles de vinos con proteínas de interés en enología, con buenos resultados (López-Cisternas, J. y col., 2007), empleando como proteína modelo la albúmina sérica bovina y como polifenol de referencia el ácido tánico (AT), ya que es el único tanino de composición conocida disponible comercialmente. Además, un aspecto novedoso de la técnica de detección de proteína sobre membranas de celulosa es la posibilidad de trabajar *in vitro* con materiales complejos.

De acuerdo con la información sobre interacción PF-proteína descripta en la sección 1.2 de la introducción puede deducirse que la diversidad de variables relativas a los polifenoles, la proteína en estudio, y las condiciones del medio, hacen que sea difícil predecir el resultado final de una interacción PF-proteína, y que los resultados obtenidos deban ser analizados considerando varios aspectos.

ASB difunde sobre la membrana con un patrón monofásico, esto se debe probablemente a que es una proteína de tamaño mediano altamente hidrofílica, y la interacción con compuestos que muestran una alta afinidad, como los polifenoles, inducirían la organización de estructuras supramoleculares más grandes y menos difusibles, dando lugar a lo que se observa como restricción de la difusión (disminución del área de difusión) respecto del comportamiento de la proteína sola. Por lo tanto, a bajas proporciones de taninos / proteínas, los complejos solubles consistirían en moléculas de taninos unidas a moléculas de proteínas individuales; mientras que a altas proporciones de taninos / proteínas, las moléculas de taninos se unirían a dos o más moléculas de proteínas, generando así una verdadera red de estructuras diversas de proteínas-taninos (Jobstl, E. y col., 2004). Este comportamiento se corroboró en nuestros experimentos, donde a mayor concentración de EPFQTs de *C. paraguariensis*, y mayor concentración de ASB, mayor fue la restricción observada debida a la formación de complejos solubles. Al comparar el comportamiento con AT, se vio que este último presentó la misma tendencia, pero mayor afinidad, ya que a elevadas concentraciones de ASB, se evidenció formación de complejos insolubles.

Los extractos proteicos de harinas, mostraron un comportamiento de difusión de tipo bifásico sobre membrana de celulosa, más notable a mayores concentraciones y de manera reproducible. HT-Gli es un extracto proteico con características de un fluido organizado, el halo de difusión interno se mantuvo constante al aumentar la dilución, mientras que el halo más externo fue disminuyendo su intensidad hasta volverse indistinguible respecto del fondo de la membrana. Este comportamiento se produciría debido a que, con el aumento de la presencia de agua, los sitios reactivos que se ocupaban de la interacción HT-Gli-celulosa están ahora ocupados por moléculas de agua.

Considerando que no existen antecedentes de estudios de prolaminas por el método de difusión sobre membranas de celulosa, se tendrán en cuenta las características similares y diferentes respecto de la proteína modelo (ASB). Tanto la albúmina como las prolaminas son proteínas globulares monoméricas de tamaño mediano y chico respectivamente, que difieren en su composición aminoacídica. Los puentes disulfuro las protegen de agentes reductores, y a pH neutro adquieren su forma más estable y comprimida, por lo tanto, la interacción con polifenoles es más dependiente de la estructura química de éstos. Teniendo en cuenta el

requerimiento del aminoácido prolina para la interacción con polifenoles (Hagerman, A.E y col., 1981), ASB no contiene este aminoácido mientras que las prolaminas sí. Aún así, AT y los EPFQTs de *C. paraguariensis* fueron capaces de interactuar con la proteína modelo, dicha interacción difirió en sensibilidad (concentraciones a las cuales se verificó interacción), y con AT además fue de mayor afinidad a través de formación de complejos insolubles. Sin embargo con la proteína de interés (HT-Gli) rica en prolina, los resultados de interacciones difirieron notoriamente de los obtenidos con ASB, requiriendo mayor proporción de polifenoles (0,5 mg/ml), y menor proporción de proteína (0,120-0,048 mg/ml) para la formación de un complejo insoluble con la muestra M2. A las mismas concentraciones de HT-Gli las demás muestras evidenciaron interacción por formación de complejo soluble, demostrándose que la interacción entre M2 y HT-Gli fue específica. Y al probar esta muestra frente a HQ-Gli y las gluteninas (HT-Glu o HQ-Glu), sólo se evidenció interacción en el mismo orden de concentraciones a través de la formación de complejos solubles.
Teniendo en cuenta que en los ensayos de EPFQTs de *C. paraguariensis* con HT-Gli las características de la proteína se mantuvieron constantes, se analizarán los factores que pudieron determinar los resultados presentados, en función del conocimiento que tenemos de las muestras polifenólicas ensayadas en este trabajo, de forma comparativa.
De las cuatro muestras polifenólicas (EPFQTs) ensayadas con la proteína de interés gliadinas de trigo (HT-Gli), sólo se observó formación de complejo insoluble con M2, empleando una concentración de 0,5 mg/ml. La formación del complejo insoluble se pudo visualizar a 0,45, 0,30 y 0,18 ug HT-Gli/Vs (correspondientes a las diluciones 1:1, 1:2 y 1:4). Dicha interacción no se observó a mayores concentraciones de HT-Gli (0,90, 0,75 y 0,60), como tampoco restricción o pérdida del patrón bifásico,

sugiriendo una interacción fuerte, de alta afinidad, y específica para las concentraciones indicadas.

Las composiciones de polifenoles de las muestras estudiadas difieren cuantitativamente en la tipología de éstos (Ver figura 6. Sección 1.1.4). La muestra M2 contiene una composición de galotaninos (GT) comparable con M3 y M4; de taninos condesados (TC) comparable con M3, aunque difiere de esta última en la composición de elagitaninos (ET), donde M2 exhibe una concentración muy baja; esto indica que los elagitaninos no serían relevantes para las interacciones de alta afinidad con HT-Gli, que fueron observadas con M2. Además, M3 y M5 que contienen la mayor concentración de ET, sólo evidenciaron formación de complejo de tipo soluble a las concentraciones de HT-Gli ensayadas, sugiriendo interacciones de baja afinidad. Por otro lado, M4 la cual contiene la mayor concentración de TC, y una concentración de GT comparable con M2 y M3, tampoco presentó formación de complejo insoluble, sugiriendo que la presencia de TC tampoco sería crítica para las interacciones de alta afinidad, que se evidencian en la formación de precipitado.

Otros ensayos realizados con AT, tampoco mostraron formación de complejo insoluble con HT-Gli, denotando que éste presenta mayor afinidad en la interacción con albúmina, y también más específica, aunque con una sensibilidad menor (3,75-2,50 ug ASB/Vs).

En relación al criterio de aproximación establecido originalmente para seleccionar las muestras polifenólicas (EPFQTs) para este trabajo, capacidad quelante (CQ), se observó que a excepción de M4, las demás muestras presentaron apreciable y comparable capacidad, principalmente M5 y M3, que coincidentemente son las muestras más enriquecidas en ET. Esta tendencia no se reprodujo en la interacción entre EPFQTs de *C. paraguariensis* con ASB ni HT-Gli, esto demostraría que la CQ no es adecuada como predictor de la interacción con proteínas, al menos para las muestras analizadas.

Considerando la interacción frente a la misma proteína, HT-Gli, y que bajo las mismas condiciones experimentales ésta se encuentra en su conformación plegada, el tipo de interacción está determinada principalmente por las características estructurales de los PFs presentes, por lo tanto, para poder discutir desde el punto de vista químico dichas interacciones, es necesario contar con mayor información estructural sobre el tipo de galotanino presente en las muestras ensayadas.-

8. CONCLUSIONES

- La presencia de polifenoles altera la difusión de proteínas sobre membranas de celulosa, causando restricción de la difusión o disminución de áreas, o cambios en el patrón de difusión de la proteína. Estos efectos no se observaron en presencia de Epi-galocatequin-galato (oligómero fenólico), ni monómeros de polifenoles (Ac. Gálico y Ac. Elágico).
- Ácido tánico formó complejos insolubles con ASB, evidenciando una interacción de alta afinidad con esta proteína modelo a altas concentraciones.
- De acuerdo al análisis por electroforesis SDS-PAGE realizado para las distintas fracciones de prolaminas extraídas de harinas de trigo y quinua, purificadas en base a sus solubilidades diferenciales, se logró separar las gliadinas de las gluteninas, generando fracciones enriquecidas en cada tipo, útiles para los ensayos de interacción con polifenoles sobre membranas de celulosa.
- Todos los EPFQTs de *C. paraguariensis* ensayados formaron complejos solubles con ASB a altas concentraciones, indicando una interacción de tipo inespecífica y de baja afinidad con ésta, aunque con diferentes sensibilidades.
- El análisis de interacciones entre la proteína de interés, gliadinas de harina de trigo (HT-Gli), y los EPFQTs de *C. paraguariensis*, reveló que M2 fue la única muestra capaz de interactuar con HT-Gli por formación de complejo insoluble. La formación de precipitado se evidenció y pudo visualizarse en ensayos de difusión/precipitación hasta 0,18 ug HT-Gli/Vs, consistente con una interacción de alta afinidad, alta sensibilidad y específica para las concentraciones indicadas.

- M3, M4 y M5 evidenciaron interacciones con gliadinas de harina de trigo (HT-Gli) mediante formación de complejos solubles, de manera inespecífica, a las concentraciones ensayadas.
- Las prolaminas de quinua (HQ-Gli y HQ-Glu), así como las gluteninas de harina de trigo (HT-Glu), evidenciaron formación de complejos solubles con M2, a las concentraciones ensayadas.
- **Este es el primer estudio de interacción entre EPFQTs de *C. paraguariensis* con las proteínas albúmina sérica bovina (proteína modelo) y gliadinas de harinas de trigo (HT-Gli, proteína de interés).**
- **Este estudio permitió seleccionar una muestra (M2) de polifenoles químicamente tipificados de *C. paraguariensis* con potencial como quimiosensor para gliadinas de trigo, debido a las características de especificidad y sensibilidad demostradas en los ensayos de interacción.**
- **Dado que la muestra M2, fue obtenida a partir de corteza de una especie autóctona (*C. paraguariensis*), explotada por su madera, y en situación de riesgo según "International Union for Conservation of Nature Red List", estos hallazgos podrían contribuir con el aprovechamiento sustentable de la especie, con potencial de agregado de valor a los productos derivados de ésta. -**

9. PROYECCIONES

En base a la bioprospección generada en este trabajo, es posible proyectar determinados estudios complementarios que darían lugar al desarrollo de aplicaciones concretas. Por ejemplo:

- Purificar los polifenoles de la muestra M2, para su identificación químico-estructural.
- Realizar pruebas de interacción polifenol- proteína aplicando una metodología diferente: cromatografía, resonancia magnética nuclear (RMN), dicroísmo circular, espectrometría de masas para modelamiento molecular, entre otras, para conocer mas exactamente y en profundidad la naturaleza de las interacciones de interés.
- Verificar la especificidad de la muestra polifenólica M2, ensayando frente a otras proteínas, o a partir de extractos proteicos de alimentos (matrices complejas).
- Utilizar las muestras polifenólicas de *C. paraguariensis* para estudios de interacción con otras proteínas de interés en salud y/o alimentación.

10. PUBLICACIONES

Iriarte, M.L; Sgariglia, M.A; Soberón, J.R; Aristimuño, M.E; Sampietro, D.A; Vattuone, M.A. (2017). Valorization of polyphenols from plant barks according to the interaction with proteins evaluated by diffusion assays. Biocell, 42 (2).

Iriarte, M.L; Sgariglia, M.A; Soberón, J.R; Aristimuño, M.E; Sampietro, D.A; Vattuone, M.A. (2017). Valorización de polifenoles de cortezas vegetales según su interacción con proteínas, evaluada por ensayos de difusión. XXXIV Jornadas Científicas de la Asociación de Biología de Tucumán. San Miguel de Tucumán. Tucumán-Argentina. ISBN 978-987-42-5889-2. P-050 (p.33). Rol: expositor.

11. BIBLIOGRAFÍA

Aguilar-Galvez, A; Noratto, G; Chambi, F; Debaste, F; Campos, D (2014) Potential of tara (*Caesalpinia spinosa*) gallotannins and hydrolysates as natural antibacterial compounds. Food Chemistry, 156: 301–304.

Andrews, J. L; Skerrit, J. H. (1996) Wheat dough extensibility screening using a two-site enzyme-linked immunosorbent assay (ELISA) with antibodies to low molecular weight glutenin subunits. Cereal Chemistry, 73: 650 – 657.

Aouf, C; Benyahya, S; Esnouf, A; Caillol, S; Boutevin, B; Fulcrand, H. (2014) Tara tannins as phenolic precursors of thermosetting epoxy resins. European Polymer Journal, 55: 186-198.

Awasthi, K.K; Anoop, K; Misra, K. (1980) Two ellagitannins from the stem bark of *Caesalpinia pulcherrima*. Phytochemistry ,19(9):1995-1997.

Balde, A. M; Calomme, M; Pieters, L; Claeys, M; Vanden Berghe, D; Vlietinck, A.J. (1991) Structure and antimicrobial activity relationship of doubly-linked procyanidins. Planta Med., 57 (Suppl. 2), A-42.

Barberis, I.M; Mogni, V; Oakley, L; Alzugaray, C; Vesprini, J.L; Prado, D.E. (2012) Biología de especies australes: *Schinopsis balansae* Engl. (Anacardiaceae). Kurtziana, 37(2).

Bate-Smith, E. C; Swain, T. (1962) Flavonoid Compounds. In Comparative Biochemistry. 3A, pp. 705-809. Mason and Florkin, Eds.; Academic Press: New York.

Baxter, N; Lilley, T; Haslam, E; Williamson, M. (1997) Multiple interactions between Polyphenols and a Salivary ProlineRich Protein repeat result in complexation and precipitation. Biochem, 36(18): 5566-5577.

Belloti, N; del Amo, B; Romagnoli, R. (2012) Tara tannin a natural product with antifouling coating application. Progress in Organic Coatings, 74(3): 411-417.

Bernardi, L. (1984) Contribución a la Dendrologia Paraguaya. Part I. Boissiera, 35: 1–341.

Bietz, J.A; Wall, J.S. (1972) Wheat Gluten Subunits: Molecular Weights Determined by Sodium Dodecyl Sulfate-Polyacrylamide Gel Electrophoresis. Cereal Chem, 49: 416 - 429.

Bradford, M.M. (1976) A rapid and sensitive for the quantitation of microgram quantitites of protein utilizing the principle of protein-dye binding. Analytical Biochemistry ,72: 248-254.

Bravo, L. (1998) Polyphenols: chemistry, dietary sources, metabolism, and nutritional significance. Nutr Rev, 56: 317-333.

Burkart, A. (1936) Las especies Argentinas y Uruguayas del género *Caesalpinia*. Rev. Arg. Agronomía, 3: 67-112.

Camafeita, E; Alfonso, P; Mothes, T; Méndez E. (1997) Matrix-assisted laser desorption/ionization time-of-flight mass spectrometric micro-analysis: the first non-immunological alternative attempt to quantify gluten gliadins in food simples. J. Mass Spectrom., 32(9): 940-947.

Cameán, A.M; Repetto, M. (2012) Toxicología Alimentaria. p. 207. Ed. Díaz de Santos, México.

Chambi, F; Chirinos, R; Pedreschi, R; Betalleluz-Pallardez, I; Debaste, F; Campos, D. (2013) Antioxidant potential of hydrolyzed polyphenolic extracts from tara (*Caesalpinia spinosa*) pods. Industrial Crops and Products,47:168-175.

Charlton, A; Baxter, N; Khan, L.; Moir, A.; Haslam, E; Davies, A; Williamson, M. (2002) Polyphenol/peptide binding and precipitation. J Agric Food Chem, 50: 1593-1601.

Corder, R; Mullen, W; Khan, N.Q; Marks, S.C; Wood, E.G; Carrier, M.J; Crozier, A. (2006) Red wine procyanidins and vascular health. Nature, 444(7119): 566.

Cozzo, D. (1972) Arboles forestales, maderas y silvicultura de la Argentina. Ed. Acme, Buenos Aires.

de la Vega Ruiz, G. (2009) Proteínas de la harina de trigo: clasificación y propiedades funcionales. Temas de Ciencia y Tecnología,13(38): 27-32.

Dell´Agli, M; Buscialà, A; Bosisio, E. (2004) Vascular effects of wine polyphenols. Cardiovasc Res, 63: 593-602.

Dimitri, M. J. (1997) El nuevo libro del árbol: especies forestales de la Argentina oriental. 2, pp.1-119. Ed. El Ateneo, Buenos Aires.

FAO/IAEA Working Document (2000) Quantification of Tannins in Tree Foliage. IAEA, VIENNA. Joint FAO/IAEA Division Of Nuclear Techniques In Food And Agriculture; Animal Production and Health Sub-Programme.

Fernandez, J; Terence, H.L. (1992) Aqueous solutions containing amino acids and peptides. Part 28. —Enthalpy of interaction of some amides with glycine and α-alanine: interactions of the zwitterionic group of α-amino acids with hydrophobic groups and peptide groups. J. Chem. Soc., Faraday Trans., 88: 2503-2509.

Fine, A.M. (2000) Oligomeric proanthocyanidin complexes: History, structure, and phytopharmaceutical applications. Alternative Medicine Reviews, 55: 144-151.

Frausto da Silva, J. J. R; Williams, R. J. P. (1991) The Biological Chemistry of the Elements. 2. Ed. Clarendon Press, Oxford.

González, J.M; García, E; Fernández, J.L; Gago, L; Benito, J. (2007) técnicas analíticas para la detección de gluten en alimentos. Informe de vigilancia tecnológica, p.p. 17-28.

Hagerman, A.E; Robbins, C.T; Weerasuriya Y; Wilson, T.C; MacArthur, C. (1992) Tannin chemistry in relation to digestion. J. Range Manage, 45:57-62.

Hagerman, A.E; Butler, L. G. (1981) The Specificity of Proanthocyanidin-Protein Interactions. The Journal of Biological Chemistry, 256 (9): 4444-4497.

Haslam, E. (1989) Plant Polyphenols: Vegetable Tannins Re-visited. Ed. Cambridge University Press, Cambridge.

Haslam, E. (1996) Natural Polyphenols (Vegetable Tannins) as Drugs: Possible Modes of Action. J. Nat. Prod., 59: 205-215.

Haslam, E; Cai, Y (1994) Plant polyphenols (vegetable tannins): Gallic acid metabolism. Nat. Prod. Rep., 11: 41–66.

Howes, F. N. (1953) Vegetable tanning materials. Butterworths Scientific Publications, London.

Jabri, B; Sollid, L.M. (2006) Mechanisms of disease: immunopathogenesis of celiac disease. Nat Clin Pract Gastroenterol Hepatol, 3: 516-525.

Jöbstl, E; O`Connell, J; Fairclough, J. P; Williamson, M. P. (2004) Molecular model for astringency produced by polyphenol/protein interactions. Biomacromolecules, 52: 942-949.

Julio Leonardis, R. F. (1948) Arboles de La Argentina y aplicaciones de su Madera. p. 294. Ed. Suelo Argentino, Buenos Aires.

Kennedy, J. A. (2008) Grape and wine phenolics: Observations and recent findings. Cien Inv Agr, 35(2): 107-120.

Kennedy, J.A. (2008) Grape and wine phenolics: Observations and recent findings. Cien Inv Agr, 35(2):107-120.

King, C; Chung, W; Johnson, M. (1998) Are tannins a double-edged sword in biology and health? Trends in Food Science & Technology, 9: 168-175.

López Luengo, M.T. (2002) El té verde. Offarm, 21(5): 129-133.

López-Cisternas, J; Castillo, J; Traipe, L; López-Solís, R. (2007) A protein dry-binding assay on cellulose membranes for tear protein quantification. Use of convencional Schirmer Strips. Cornea, 26: 970-976.

Luck, G; Liao, H; Murray, N.J; Grimmer, H.R; Warminsky, E.E; Williamson M.P; Lilley, T.H; Haslam, E. (1994) Polyphenols, astringency and proline-rich proteins. Phytochemistry, 37: 357–371.

Maioli, M.A; Alves, L.C; Campanini, A.L; Lima, M.C; Dorta, D.J; Groppo, M; Cavalheiro, A.J; Curti, C; Mingatto, F.E. (2010) Iron chelating-mediated antioxidant activity of Plectranthus barbatus extract on mitochondria. Food Chemistry, 122: 203-208.

Martín, G.O.(h); Nicosia, M.G; Lagomarsino E.D. (1993) Rol Forrajero y Ecológico de Leñosas Nativas del NOA. XIV Reunión del grupo técnico regional del Cono Sur en Mejoramiento y Utilización de los Recursos Forrajeros del Área Tropical y Subtropical. Santiago del Estero, Argentina, 93-98.

Martínez Crovetto, R. (1981) Plantas Utilizadas en Medicina en el NO de Corrientes, Miscelánea Nº 69: 1-139, Fundación Miguel Lillo, Tucumán, Argentina.

Mateus, N; Carvalho, E; Luís, C; de Freitas, V. (2004) Influence of the tannin structure on the disruption effect of carbohydrates on protein–tannin aggregates. Analytica Chimica Acta, 513: 135–140.

McRae, J. M; Kennedy, J.A. (2011) Wine and grape tannin interaction with salivary proteins and their impact on astringency: a review of current research. Molecules, 16: 2348-2364.

Monteiro, J.M; de Souza, J.S.N; Lins Neto, E.M.F; Scopel, K; Trindade, E.F (2014) Does total tannin content explain the use value of spontaneous medicinal plants from the Brazilian semi-arid region? Revista Brasileira de Farmacognosia, 24(2): 116-123.

Murray, N. J; Williamson, M. P; Lilley, T. H; Haslam, E. (1994) Study of the interaction between salivary proline-rich proteins and a polyphenol by 1H-NMR spectroscopy. Eur. J. Biochem., 219: 923-935.

Nuñez, M; Aguado, M.I; Bela, A; Vonka, C; Sansberro, P. (2007) Farmacognosia y Fitoquímica de *Lippia turbinata* G., Verbenacea. Boletín Latinoamericano y del Caribe de Plantas Medicinales y Aromáticas, 6 (5): 262-263.

Obreque-Slier, E; Mateluna, C; Peña-Neira, R; López-Solís, R. (2010) Quantitative Determination of Interaction between Tannic Acid and a Model Protein using Diffusion and Precipitation Assays on Cellulose Membrane. J Agric Food Chem, 58: 8375-8379.

Obreque-Slier, E., Peña-Neira, A., López-Solis, R. (2012) Interactions of enological tannins with the protein fraction of saliva and astringency perception are affected by pH. Int J Food Sci and Tech, 45: 88-93

Osborne, T. (1907) The proteins of the wheat kernel. Carnegie Institute of Washington, Washington D.C.

Pamplona Roger, J.D. (2006) Salud por las plantas medicinales. pp. 102-103. Ed. Safeliz S.L., Madrid.

Pellikaan, W.F; Stringano, E; Leenaars, J; Bongers, D.J; van Laar-van Schuppen ,S; Plant, J; Harvey, I (2011) Evaluating effects of tannins on extent and rate of in vitro gas and CH4 production using an automated pressure evaluation system (APES). Animal Feed Science and Technology, 166-167 :377-390.

Rasheed, F; Newson, W.R; Plivelic, T.S; Kuktaite, R; Hedenqvist, M.S; Gallsted, M; Johansson, E. (2014) Structural architecture and solubility of native and modified gliadin and glutenin proteins: non-crystalline molecular and atomic organization. Rsc Advances, 4(4): 2051-2060.

Roic, L. D; Carrizo, E. del V; Palacio, M. O. (1997) Plantas de la Flora Santiagueña y su Uso en la Medicina Popular. Actas del Tercer Encuentro

Regional del NOA de Plantas Medicinales, Facultad de Ciencias Forestales, Universidad Nacional de Santiago del Estero.

Ruf, J.C. (1999) Wine and polyphenols related to platelet aggregation and atherothrombosis. Drugs Exp Clin Res, 25: 125-131.

Sánchez Pérez, M.P; Cervantes Bustamante, R; Montijo Barrios, E; García Campos, M; Mata Rivera, N; Zárate Mondragón, F; Bacarreza Nogales, D; Ramírez Mayans, J.A (2007) Actualidades en Enfermedad Celiaca (EC). Revista de enfermedades infecciosas en Pediatría, 20(79): 66-73.

Sánchez-Martín, J; Beltrán-Heredia, J; Gragera-Carvajal, J. (2011) *Caesalpinia spinosa* and *Castanea sativa* tannins: A new source of biopolymers with adsorbent capacity. Preliminary assessment on cationic dye removal. Industrial Crops and Products, 34(1):1238-1240.

Sanz, M.L; Martinez-Castro, I; Moreno-Arribas, M.V. (2008) Identification of the origin of commercial enological tannins by the analysis of monosaccharides and polyalcohols. Food Chemistry, 111(3):778-783.

Schroeter, H; Heiss, C; Balzer, J; Kleinbongard, P; Keen, C.L; Hollenberg, N.K; Sies, H; Kwik-Uribe, C; Schmitz, H.H; Kelm, M. (2006) (-)-Epicatechin mediates beneficial effects of flavanol-rich cocoa on vascular function in humans. Proceedings of the National Academy of Sciences, 103(4): 1024-1029.

Sgariglia, M. A.; Soberón, J. R; Sampietro, D. A. (2007) Actividad antifúngica de *Caesalpinia paraguariensis.* Congreso XV. Jornadas de Jóvenes Investigadores de la AUGM.

Sgariglia, M. A; Soberón, J. R; Sampietro, D. A.; Vattuone, M. A. (2015) Assessment of bioactive components from *Caesalpinia paraguariensis* as ROS scavengers and collagenase inhibitors in human skin fibroblasts. 51st RICT 2015 (Recontres Internationales de Chimie Therapeutique): Drug Discovery and Selection - Understanding Targets And Mechanisms.

Sgariglia, M. A; Soberón, J. R; Sampietro, D. A; Quiroga, E. N; Vattuone, M. A. (2008) *Caesalpinia paraguariensis* (D.Parodi) Burk. extracts as source of natural food preservatives. XXV Annual Scientific Meeting of Tucuman Biology Society.

Sgariglia, M.A; Soberón, J.R; Poveda Cabanes, A; Sampietro, D.A.; Vattuone, M.A. (2013) Anti-inflammatory properties of phenolic lactones isolated from *Caesalpinia paraguariensis* stem bark. Journal of Ethnopharmacology, 147: 63 – 63.

Sgariglia, M.A; Soberón, J.R; Sampietro, D.A; Vattuone, M.A. (2012). Análisis Cuali- Cuantitativo de Taninos de Corteza de *Caesalpinia paraguariensis*. The Journal of the Argentine Chemical Society, 99 (1-2): 027. ISSN 1852-1207.

Sgariglia, M.A; Somaini, G.C; Soberón, J.R; Sampietro, D.A; Vattuone, M.A. (2015) Ellagic components from *Caesalpinia paraguariensis* (Burk.) inhibited the α-glucosidase activity. 3rd International Conference and Exhibition on Traditional & Alternative Medicine.

Silva, C; Récio, R. (1992) Coleta e avaliação dos compostos fitoquimicos da espinheira santa (Maytenus ilicifolia). Comunicacion al XII Simpósio de Plantas Medicinais do Brasil (Curitiba, Brasil).

Singh, N.K.; Shepherd, K.W; Cornish, G.B. (1991) A Simplified SDS-PAGE Procedure for Separating LMW Subunits of Glutenin. Journal of Cereal Science, 14: 203-208.

Soares, L; Oliveira, A; Ortega, G; Petrovick, P. (2004) Development and validation of a LC method for determination of catechin and epicatechin in aqueous extractives from leaves of *Maytenus ilicifolia.* J. Pharm. Biomed. Anal, 36: 787-790.

Stafford, H.A. (1983) Enzymic regulation of procyanidin biosynthesis; lack of a flav-3-en-3-ol intermediate. Phytochemistry, 22 (12): 2643-2646.

Venter, P.B; M, Sisa; van der Merwe, M.J; Bonnet, S.L; van der Westhuizen, J.H. (2012) Analysis of commercial proanthocyanidins. Part 1: The chemical composition of quebracho (*Schinopsis lorentzii* and *Schinopsis balansae*) heartwood extract. Phytochemistry, 73: 95-105.

Villafañe, F.R.; Sgariglia, M.A; Soberón, J.R; Vattuone, M.A. (2014) "Tannins from the bark of a native argentine tree with biotechnological potential". Biocell 38 (1) A103. ISSN 0327-9545.

Waghorn, C.G; Reed, J. D; Ndlovu, L. R. (1997) Condensed Tannins and Herbivore Nutrition. Sección 8- Tannins Plant Breeding and Animal Effects. Proceedings of the XVIII. International Grassland Congress. Canada, 1997.

Waghorn, G. C; Shelton, I. D. (1997) Effect of condensed tannins in *Lotus corniculatus* on the nutritive value of pasture for sheep. J. Agric. Sci., 128 (3): 365-372.

White, T. J. (1957) Tannins—their occurrence and significance. Sci. Food Agric., 8: 377-385.

Wieser, H. (2006) Chemistry of gluten proteins. Food Microbiology, 24:115-119.

Wolfenden, R. (1983) Waterlogged molecules. Science, 222 :1087–1093.

Xie, D-Y; Dixon, R.A. (2005) Proanthocyanidin biosynthesis - still more questions than answers? Phytochemistry, 66(18): 2127-2144.

Zamora, F. (2003) Elaboración y crianza del vino tinto: Aspectos científicos y prácticos. pp. 21-22. Ed. AMV, Madrid.

http://celiaco.org.ar/ , fecha de ingreso 15 de octubre de 2018.

http://www2.darwin.edu.ar/Proyectos/FloraArgentina/sinonimoespecie.asp?sincod=4515&especie=paraguariensis&genero=Caesalpinia&EspCod=4515, fecha de ingreso 14/08/18.

http://www.iucnredlist.org/details/32026/0, descargada 13/08/18.

https://sib.gob.ar/#!/especie/caesalpinia-paraguariensis, fecha de ingreso 13/08/18.

Printed by Books on Demand GmbH, Norderstedt / Germany